高智商男孩一定要做的50件事

几个男孩在下棋，有的孩子能够在棋盘上预先看出后几步棋的布局，而有的孩子却对这一步棋即将导致的后果毫无察觉。这说明一个道理，那个能预先料到棋局走势的孩子，要比那个对棋局发展势头毫无察觉的孩子智商高。

任福和◎著

吉林出版集团有限责任公司

图书在版编目(CIP)数据

高智商男孩一定要做的50件事 / 任福和著. —长春:吉林出版集团有限责任公司, 2015.10

ISBN 978 -7 -5534 -8547 -8

Ⅰ. ①高… Ⅱ. ①任… Ⅲ. ①男性 - 成功心理 - 青少年读物 Ⅳ. ①B848.4 -49

中国版本图书馆 CIP 数据核字(2015)第213231号

高智商男孩一定要做的50件事

作　　者　任福和
选题策划　北京瀚文锦绣国际文化有限公司
策划编辑　陶雅慧
责任编辑　齐　琳　　史俊南
封面设计　孙希前
开　　本　710 * 1000　1/16
印　　张　15
版　　次　2016年3月第1版
印　　次　2016年3月第1次印刷

出　　版　吉林出版集团有限责任公司
电　　话　总编办:010 - 63109269
　　　　　发行部:010 - 52473226
印　　刷　北京天正元印务有限公司

ISBN 978 -7 - 5534 - 8547 - 8　　定价:35.00元
如有印刷、装订质量问题,请致电 010 - 52473227

前言

微软亚洲研究院院长张亚勤 12 岁考入中国科技大学少年班，20 岁在乔治华盛顿大学攻读博士学位，31 岁当选美国电器和电子工程师学会院士，是数字影像和视频、多媒体通信和互联网方面的世界级专家。他用一种全新的方法使广播电视和网络应用的数字图像压缩与处理技术发生了戏剧般的进展，被国际科学界誉为“巨匠”。有人形容，他在短短十几年里就取得了别人需要一生才有可能取得的成就。

施展 13 岁考进中国科技大学少年班，毕业后在国外攻读博士学位期间，一举攻克著名数学难题“关于布朗运动的数学模型”，刚届而立之年，就成为法国居里大学的博士生导师。

阿道夫·巴尔 13 岁进入哈佛大学，并且提前一年毕业。

罗伯特·威纳 14 岁就进入了哈佛大学研究生院，1914 年时年仅 18 岁的他就顺利获得了博士学位。

这些孩子为什么会有如此超凡脱俗的表现？他们都得益于家庭教育的成功。

作为家长，父母都期望自己的孩子具有高智商，能够成为神童，那么用什么样的方法可以教出高智商的孩子呢？大量的科学研究证明：在日常生活中家长就可以提升孩子的智能。美国心理研究协会做了一项研究来检验遗传因素和家庭教育，哪一个因素对孩子的智商影响较大。研究的结论是:遗传和家庭教育所起的作用几乎等同。同时专家认为,父母创造一个随意但很富有启发氛围的环境对提高孩子的智商非常重要。比如多与孩子交谈,因为孩子对语言的早期掌握对形成幼儿成功的智力机制非常重要;家里摆放的东西要经常换一下位置,这样对孩子的右脑开发和观察力的培养都有好处;家长带孩子外出购物时,不要只从自己的角度出发,应该注意身边的孩子,引导孩子去观察去思考;多让孩子同小朋友在一起,不要怕孩子打架受欺负……总之,家长在开发孩子智力时,要融于生活,寓教于乐,挖掘身边可利用的因素,家长要有心教,但并不要求孩子用心去学,要考虑孩子的特点,从孩子发展出发,从孩子实际出发,让孩子学得自然,学出兴趣。因此家庭文化氛围是孩子成长的阳光、空气和雨露。在很多方面,父母是不可替代的,作为父母要担当起自己的职责。

本书结合许多高智商男孩的学习方法,生活习惯,通过50件事,让更多的孩子能和他们有一样的成绩。

目录

第一章

高智商男孩离不开父母的教育

学校被认为是承担教育孩子的主体，应该承担起教育孩子的责任，但由于学校主要将大部分时间用于文化知识的传授，因而对孩子的学习习惯和学习态度指导较少。父母利用与孩子朝夕相处的机会，可以加强培养孩子良好的学习习惯与学习态度，如独立完成作业、科学地安排预习和复习、合理利用各种资料信息等，这将使孩子受益终生。此外学校教育以班级授课为主，无法照顾到每个孩子的不同情况。父母可以针对孩子在学习上的个别需要，提供有效的指导与帮助。对孩子的学习指导并不意味着就是在家中提前或重复授课。而是要根据孩子的学习状况与特殊需要，进行有针对性的指导。

家庭文化氛围是孩子成长的阳光、空气和雨露。在很多方面，父母是不可替代的，作为父母要担当起自己的职责。

第一件事　作为父母你应该知道的

每个父母都希望自己的孩子聪明、伶俐。但是怎样的孩子才算是聪明，聪明的体现具体又指的是什么呢？从通俗意义上讲，聪明即是智力高，也就是人们所说的高智商。这种智商一部分取决于遗传，另一部分取决于后天的培养、教育。让孩子具有高智商是每一位父母的心愿，聪明的父母又需要知道些什么呢？

1.什么是智商

智商（IQ）就是智力商数。智力通常叫智慧，也叫智能，是人们认识客观事物并运用知识解决实际问题的能力。智力包括多个方面，普遍认为构成智力的因素有五种，分别是：观察力、记忆力、注意力、思维力和想象力。其中，观察力是指能发现别人从未注意过的问题。记忆力是指能记住事物的外形和名称，以及该事物与以前学过的某物的相似点与不同之处。注意力是指精力的集中，只有集中精力，才有可能更好地观察事物，并记住该事物。思维力是指宝宝观察到各种事物以后，渐渐学会将它们归纳分类，并进行分析比较，从具体的区别上升到抽象的区别，进而产生总结和概括的能力。想象力是指以此及彼，通过事物的一点联想到许多点，通过联想加以想象就出现一种新的想法。智力的高低通常用智力商数来表示，用以标示智力发展水平。在现代典型的智力测验中，设定主体人口的平均智商为100，则根据一定的统计原理，一半人口的智商，介于90～110之间，其中智商在90～100和100～110的人各占25%，智商在110～120的人占14.5%，智商在120～130的人占7%，智商在130～140的人占3%，其余0.5%的人智商在140以上，另有25%的人智商在100以下。

大量的调查研究发现智商极高（IQ在130以上）和智商极低的人（IQ在70以下）均为少数，智力中等或接近中等（IQ在80～120）之间者约占全部人口的80%，智力超过常态者，我们称之为智力超常，那些智力低于常态者，我们称之为智力低常。

2.影响孩子智力的因素

(1)遗传因素：一般来说，父母智商高，其子女的智商相对也高，父母智商低，其子女的智商相对也低。也就是说，孩子的智商在一定程度上受父母遗传因素的影响。如果父母家系中，有人患有与智力发育有关的遗传性疾病，如先天愚型、苯丙酮尿症、半乳糖血症等，那么，其子女患有这种疾病的可能性较大，必然会影响孩子的智力。

(2)先天因素：近亲婚配、高龄初产、多胎生育、夫妻年龄相差悬殊、妊娠早期病毒性感染（风疹、单纯性疱疹、巨细胞包涵体病）、孕期遭受放射线照射、大量饮酒、吸烟、营养不良；先兆流产、胎盘早期剥离、母子血型不合等，均可能会影响胎儿脑的发育，从而影响孩子的智力。

(3)后天因素：①疾病：难产、窒息、缺氧、颅内出血、新生儿黄疸、脑炎、脑膜炎、脑外伤等，均会使脑的发育和功能受到损害，而影响孩子的智力。②营养：儿童时期是脑发育的关键时期，如果营养不良，可影响脑的发育，而影响孩子的智力。③环境：如果儿童长期缺乏母爱，脱离正常的社会环境，得不到适时的教育和训练，均可影响孩子的智力。

3. 怎样正确看待智商

智力测验所得出的智商，虽可在一定程度上准确地反映出孩子的智力水平，但测得的智商是有很大局限性的。因为：（1）它只能测量孩子智力的当前水平，不能测知孩子智力的潜在能力。（2）它只能对孩子的认知能力做量的评价，不能做质的评价。（3）如果在测验时，孩子感到非常新奇，注意力不能集中，或情绪过于紧张，这些因素往往会影响智力测验的准确性。（4）即使测得的智商低于70，尤其在60～69之间，还必须考虑孩子的社会适应能力，进行综合分析。

古今中外，有许多幼年时智力平平、不太聪明的人，由于加强了教育和经过个人的努力，长大后竟成为才能出众的人。反之，幼年时智力较好，称得上聪明的儿童，由于放松教育，未经个人努力，长大后却成为碌碌无为的庸人。

高智商男孩

不能把智商当作衡量孩子智力水平的唯一标准，只能作为参考。绝不能因孩子智商水平高而放松教育，也不能因孩子智商水平低而灰心丧气，更不能以此就轻率地预测孩子的将来。不论孩子的智商是高还是低，都不要放松，给孩子提供一个良好的环境和进行必要的教育，促进其智力的发育，这才是智商测试的真正意义所在。

■第二件事　重新认识早期教育

“重生轻养”曾经是我国传统的育儿观念，随着社会的进步和文明程度的提高，现在早期教育受到社会尤其是家长的普遍关心与重视，这本来是一种令人欣喜的进步。但是，目前在早期教育的问题上很多家长还存在着一些令人担忧的误区，比如把早期教育仅仅等同于早期智力开发，而且还把早期智力开发等同于早期的或超前开始的认字、计算等知识技能的训练。

从科学角度讲，早期教育既不等同于早期智力开发，也不是提前、超前开始的对孩子进行的读、写、算知识技能的训练。作为人生教育的起点，早期教育关注的是孩子身心全面健康的发展，它要引导和促进孩子身心的发展，但不是要人为地加速孩子的发展；它要以孩子身心发展的年龄特征为基本依据，而不是不顾孩子身心发展的年龄特征，过早地把那些孩子还不能理解的知识和技能教给他们，人为地造就出一批早熟的“小大人”，缩短孩子们的童年期。

早期教育的正确途径应当是为孩子们创设一个能激励他们主动探索的环境，引导他们接触并认识周围生活中的物体、情景和人们，发展他们理解和运用口头语言的能力，积累和丰富感知经验，发展初步的思维能力，培养认识与探索周围环境的兴趣。

1. 早期教育不等于超前教育

近年来，年轻家长越来越重视孩子的早期教育，这本来是个好现象。然而，由于家长在孩子早期教育方面存在很大的盲目性，缺乏科学性、合理性，有些家庭的早期教育进入了误区。应该怎样科学、合理地进行早期教育呢？确切地说，科学、适时的早期教育是有益的，不科学、任意超前的早期教育不仅对孩子无益，而且还是有害的。科学、良好的早期教育，在人的成长过程中具有一定的积极作用，但也不能片面化、绝对化。有人说“早期教育没做好，孩子这辈子就完了”，还有人认为“不能让孩子输在起跑线上”等，这些观点都太绝对化了。人的成长是一个漫长的过程，这个过程包括了许多个不同的发展阶段，我们不能说哪一个阶段是最重要的，哪一个阶段是不重要的，而应该因人而异。例如，北大的副校长陈章良 7 岁以前一个字都不认识，可他 29 岁就成了博士生导师，从这个例子来看，“不能让孩子输在起跑线上”的说法显然是站不住脚的。比如，长跑起跑时慢了一两步、两三步是没有关系的，关键是中途要有实力，最后的一两百米能够很好地冲刺，就算是开始落在最后也有可能得第一。孩子的成长和教育也是这样，把人的成长过程看成是一蹴而就的事情，这正是“早期教育决定论”的错误所在。

有不少家长都把早期教育理解为“超前教育”，“超前教育”是将教育时间大大提前，比如让孩子在 4 岁以前掌握 4～6 岁孩子的知识，4～6 岁孩子学习小学的课程，小学时学中学的课程，中学时学大学的课程等。这种教育对个别人可能适应，而对绝大多数人来说，是行不通的。当前，在早期家庭教育中确实存在“越超前越好”的倾向。有的省市“家庭教育大纲”甚至把“超前性”作为家庭教育的一个教育原则提出来，有的商家也跟着推波助澜。于是，在早期家庭教育中出现了任意超越儿童年龄发展阶段的超前教育。其实儿童时期是身心发展相当迅速的一个时期，但要促使其发展是有条件的。按照美国著名儿童学家格塞尔的思想，支配儿童心理发展的因素有两个，一个是“成熟”，一个是“学习”，两者之中他更看重“成熟”。他认为，儿童心理发展是儿童行为（或心理形式）在环境影响下按一定顺序出现的过程。这个顺序与成熟关系密切。他有一个著名的实验，就是双胞胎爬梯的实验。在这个实验中，让双胞胎中的一个从48周起每天做10分钟的爬梯训练，延续6周，到第52周，他已能熟练地爬上5级楼梯；在此期间，另一个双胞胎先不做爬梯训练，而是从53周才开始训练，但两周后，这个双胞胎不用旁人帮助，就可爬到楼梯的顶端。由此，格塞尔得出的结论是：不成熟就无从产生学习，而学习只是对成熟起一种促进作用。这个实验表明，儿童的成长是受生理和心理成熟机制制约的，人为地任意提前训练，效果不见得好，不见得有那个必要。不仅没有必要，还会给儿童在生理和心理上造成负担，弄不好还可能影响儿童对学习的兴趣，从而产生逆反心理。有的家长对孩子进行超前教育和训练，希望孩子在进入小学后能在学习的竞争中占有优势。提前一些进行教育和训练，可能会在一定的时间内占有一些优势，但这种优势不是自然而然地形成的，即或是有一些优势，也很可能只是一时的优势，不见得能一直保持下去。美国北卡罗来纳大学做过的一项实验，就很能说明问题。实验中把不同的孩子分成两组，一组从3个月起提前进行早期教育，另一组不进行提前的早期教育。之后，每15个月测试一次。他们发现，提前接受早期教育的孩子智商平均高出15点。然而，并不能以此得出这种优势能一直保持下去的结论。因为有些拥有这种优势的孩子在进入小学四年级时，就逐渐丧失了这种优势，而另一组接受父母循序渐进教育的孩子通常都已赶了上来。上述两个实验告诉我们，任意进行超前教育和训练，不见得是一件有益的事，进行超前教育和训练的人，自认为一定会早出人才，出高水平的人才。其实，这仅仅是一种良好的愿望，是一种推测，实际上并没有得到科学的证实。苏联著名心理学家列伊捷斯说过："儿童超过自己年龄的发展，对于判断其未来发展的可能性不能提供可靠的依据，也不排除缺少早期发展，后来却发生跃进的可能性。”

儿童时期是孩子身心发展的关键时期，应当及时进行必要的培养教育和训练，但不应任意超前。对此，法国思想家、教育家卢梭说过：“大自然希望儿童在成人以前，就要像儿童的样子。如果我们打乱这个次序，就会造成一些果实早熟，它们长得既不丰满也不甜美，而且很快就会腐烂。就是说，我们将造就一些年纪轻轻的博士和老态龙钟的儿童。”恐怕哪个家长都不愿意让自己的孩子成为“既不丰满也不甜美”的“早熟果实”的吧！因此，早期教育并不是越早越好，早期教育也应循序渐进。

2. 早期家庭教育的误区与对策

（1）极端期待心理引发急功近利的教育行为

家长对孩子成长的期待心理一旦极端化，必然在认识上诱发非理性思维，忽视孩子发展的实际，产生急功近利的教育行为。为了满足心理期待（甚至是虚荣心），混淆孩子心理上的“可学”（潜能）与教育学上的“应学”（能力）之间的本质差异，盲目地“选择”一些打着科学旗号的“快速学习方案”“神童培养计划”。

（2）庸俗功利心理引发“成人中心”的教育方式

任何教育都带有一定的功利色彩，即教育价值的追求。教育过程中的庸俗功利追求一种“立竿见影”短期效果，不惜以牺牲孩子的可持续性发展为代价。这是一种典型的“成人中心”的教育方式。为了让孩子赢在起跑线上，所以提前学习，本着“人无我有，人有我强”，一切都是为了“高人一等”。

（3）盲目攀比心理引发“无个性化”的教育

家长用熟悉的同学或同龄儿童的优良表现来激发孩子的上进心，作为一种教育策略，如果使用得当，会取得良好的教育效果。但是，有相当多的家长攀比心理膨胀，忽视孩子的个性差异，这些家长喜欢随意选择评价标准，爱盲目攀比，错位比较。其结果是孩子的个性消失，成长为顺从的“乖兔子”，抑或是孩子的个性扭曲，成长为叛逆的“坏豺狼”。

教育过程中的心理误区主要源于教育文化的缺陷与教育理念的偏失。当前，消除早期家庭教育中存在的心理误区必须从家庭教育文化建设与开展亲子教育入手。就家庭教育文化建设而言，一方面，社区文化建设必须以家庭为单位，优化家庭精神生活环境，净化家庭教育氛围，减轻家庭教育的心理压力；另一方面，政府应净化教育市场，端正教育舆论导向，传播科学的教育理论与方法，将家长的教育热情视为一种宝贵的教育资源并且转化为理智的教育行为，真正成为孩子成长的动力而不是阻力。就亲子教育而言，一方面加强亲情教育，利用血缘与亲情为纽带增强家长的教育责任感；另一方面加强亲职教育，树立家长的职业教育意识与职业教育能力。“教育孩子是家长的天职”，良好的教育意识与能力应该成为每一位家长的自觉追求。

高智商男孩

有些所谓的天才是被家长美化出来的，哪有那么多天才。即使真是天才，过早地人为干涉，反而是对天才的摧残。因为想要培养天才的成年人如果本身不是天才的话，他们怎么知道真正的天才需要什么。天才难得，但只要给孩子提供合适的教育，每个孩子都能成才。对于整个社会的发展而言，孩子成才更重要。

第三件事　开发儿童智力的最佳时间

据科学研究表明：如果以成人的智力水平为100%，那么从出生到4岁的智力就发展了50%，而到了8岁便已经发展了整个人生智力水平的83%～90%，也就是说，一个孩子是不是聪明的，在他8岁的时候，就基本上可以定局了。

1. 大脑发育的时间性

如果我们将一只出生两个月的小猫的双眼蒙上4天，这只可怜的小猫就可能会永久失明。这是因为其大脑皮层的某些神经细胞错过了发育成熟的机会。更令人吃惊的是，在大脑发育的特定时期，如果没有给予足够刺激让它认识垂直与水平的不同，那么大脑视觉系统就会失去区分水平和垂直线的能力。一只鸡如果饲养在没有垂直线的实验室里，一旦把它放出来，它就会反复撞到篱笆柱子上，因为它根本不能觉察到这些垂直立着的柱子。

再如，对于天生患有白内障的婴儿，如果在出生两个月之内立即施行治疗，那么孩子以后的视力基本能达到正常水平。相反，如果在出生后6个月再施行治疗，其视力可能受到永久损伤。孩子的视觉系统协调双眼视力的功能也需要在出生后的3年时间内得到外界刺激才能得以发展。凡是患有斜视疾病，或俗称“斜眼”的幼儿，都需要在5岁之前接受治疗，这样他的视觉皮层才能最终正常工作。

听觉系统也有相应的发育敏感期。在因分辨声音有困难而造成阅读困难的学生中，那些在4岁之前患耳疾而造成慢性或间歇性听力损失的儿童占有较高比例。曾经发生过这样一件事：一个出生时很正常的女孩，从出生20个月后直至13岁期间，大部分时间被其患有精神病的父亲锁在衣柜里，每天只给她吃一些婴儿食品，如果她稍微发出一点声响就会被父亲严厉惩罚。由于这个孩子在语言发展的重要阶段错过了所有来自外界的语言刺激，所以她成为医学界关注的对象。尽管后来对这个孩子使用了各种方式进行教育，使她掌握了一些词汇，但遗憾的是她从没能够说过一句完整的话。

根据现在所能掌握的知识，我们知道应该为儿童在感觉和语言的发展阶段提供丰富的感觉和语言刺激。虽然还不能制订一个精确的大脑神经系统成熟及促进其相应功能发展的时间表，但至少我们知道大脑是可塑的。

大脑的可塑性在儿童时期最强，但更可贵的是大脑的可塑性并不停止于人的生命初期。我们过去一直认为，儿童从出生开始，其大脑神经的可塑性将逐渐减弱，直到8岁，便不再有可塑性。但近年的研究发现，大脑神经的某些可塑性甚至可以延长到老年。

作为父母，我们都希望自己孩子的大脑发育完好。但是一些小的或是未经察觉的损伤和畸形都是导致孩子今后学习出现问题的因素。由于这些问题不明显，一般很难用神经学检测方法查出。结果当孩子出现学习障碍时，孩子和家长虽然感觉很困扰却又不知原因何在。

现在有些大脑图像扫描技术，可以检测出婴儿大脑存在的微小的问题，但是这种检测费用太高，还不太可能得到普及。一般来说，我们可以从以下几方面对孩子的大脑发育状况做出检测。

(1) 首先要保证经常性地检查孩子的听力和视力情况，比如在房间的不同角落发出声响，观察孩子的反应。

（2）如果孩子耳朵发生感染，一定要警惕是否出现听力损伤问题。这种听力损伤在当时往往不易察觉，所以在一段持续的时间内，应经常到医院给孩子做相应的检查。

（3）如果孩子的某一感觉器官系统的发育明显迟缓，比如行动、动手能力比正常孩子晚很多，或者在某方面的学习领悟能力很差，应该立即找有关专家检查、咨询，这些专家会采取一些矫正方法，对孩子的发育进行补救。

2. **不要错过大脑的生长发育期**

要想开发大脑智力就必须抓住大脑发育的最佳时机，因为此时期是神经反射敏感期，大脑呈一片空白状态，它将毫无批判地吸收外界信息。信息一旦入脑，即刻印在脑的结构中。

因此，应尽早地将美好的、正确的知识信息抢先输入，占据大脑这块神奇的土地，使之成为知识的海洋，智能的发源地。在儿童成长的过程中，一旦错过了大脑生长发育期的开发，脑组织结构就会趋于定型，潜能的开发就会受到限制，即使有优越的天赋，也无法获得良好的发展。

巴甫洛夫曾做过这样的实验：将同时生下来的同样重的小白鼠分成两组，一组在大房间，里面光线充足，音响丰富，设有滚筒、滑梯等玩具，小白鼠可以自由追逐玩耍；另一组小白鼠，每只关一个笼子，那里没有光线，没有声音，没有玩具，没有伙伴，虽然有同样的营养，但经 19 天的测试后，这两组小白鼠的智力却大相径庭。前一组小白鼠机敏灵活，人抓不住它；后一组小白鼠则是呆头呆脑，人去抓它，它也不知逃跑。对两组小白鼠抽样解剖，发现有丰富信息刺激的小白鼠的大脑生出许多树状突和轴状突。而光吃不玩的小白鼠脑组织呈萎缩状态，分量轻，体积小。

又如印度 8 岁的狼孩，虽有人的遗传基因，但因环境的改变，以及他多年野外生活的影响，使得他失去人的本性，虽从狼窝中救出，回到人间，派人对其进行十多年专门训练，也仅学会了站立、行走和用勺吃饭以及会说几句简短的话语。从这个例子也说明了因其错过了一般人大脑的生长发育期，造成的是后半生无法弥补的损失。一旦脑组织呆傻结构形成，再努力教育、开发也无济于事。其他如学音乐、美术、外语、游泳、滑冰等，都要提倡早期训练才能有所成效，起步迟了就难以成才。据说中国和日本的围棋高手，几乎都是在5岁左右学会下棋的，而实际上他们接触围棋并饶有兴趣地看成年人对弈，时间还要早。到了成年人再从头学围棋是绝对成不了高手的。所以说儿童时期的智力开发就好比催芽生根，根深叶才茂，花红结硕果。

另外，在教育孩子的过程中，还须注意采取恰当的教育方式、方法，才能产生更好的教育效果。有的孩子本来智力发展很好，但父母“望子成龙”心切，规定孩子每天做多少数学题，背几首古诗，练几小时琴……对孩子提出不恰当的、超负荷的要求。这样，学习成了孩子的沉重负担，进而使孩子对学习产生厌倦情绪。结果，孩子的智力不仅得不到充分发展，而且还影响了孩子今后的学习。有的孩子智力较差，若得不到父母的耐心教育和鼓励，也可能自暴自弃，失去信心，以致影响以后的发展。

高智商男孩

完美主义、恶性化、高度紧张是伴随天才男孩的三个特征。这些特征预示着他们成人后极有可能培养出高度的价值观，但同时也可能导致他们与同龄人的极度不协调，从而因极低的自我观念而滋生诸多的心理问题。因此，家长应留意孩子与同龄人之间的关系，耐心解答他们关于此类的困惑，既要避免孩子因高智商而产生优越感，又要防止孩子因与环境不协调而导致自闭、压抑。

第四件事　培养良好的亲子关系

大家如果回首童年或许会感慨地发现，那些让您刻骨铭心受益终身的教育，大都是您最喜欢最爱戴的人给予的，而这些美好的记忆与您所厌恶的人可能毫不相关。父母们几乎都能感受到这样一个现象：孩子如果喜欢他的老师，就可以喜欢这位老师的课以及他要求的一切；孩子如果讨厌他的老师，则可能讨厌这位老师的课以及他讲的一切。孩子对于父母或其他人的关系也基本上如此。大家面对现实也许会感到，当您与孩子的关系发生了问题，您的教育也会随之陷入困境。所以，如果用一句话说出什么是好的家庭教育，那就是：好的亲子关系就是好的家庭教育。

1. 关键在定位

好的关系胜过许多教育。父母什么时候与孩子关系好，对孩子的教育就容易成功；什么时候与孩子关系不好，对孩子的教育就容易失败。而建立良好的亲子关系，其关键在于“定位”：

（1）不当“法官”，学做“律师”

有些父母看到孩子出了问题，便迫不及待地当起了“法官”，这是很危险的。孩子的内心世界丰富多彩，父母要积极地影响与教育孩子，不了解其内心世界便无从谈起。而了解孩子的第一要诀是呵护其自尊，维护其权利，成为其信赖和尊敬的朋友。即父母对待孩子，要像“律师”对待自己的当事人一样，了解其内心需求，并始终以维护其合法权利为唯一宗旨。

（2）不当“裁判”，学做“啦啦队”

在人生竞技场，孩子只能自己去努力。父母既无法替代孩子，也不该自作主张去当“裁判”，而应该给予孩子一种保持良好竞技状态的力量，即“啦啦队”的力量。这样更能帮助孩子建立自信心，而这正是家庭教育的核心任务。父母做孩子的“啦啦队”，既要善于发现和赞美孩子，还要引导孩子正确面对失败，在挫折前做孩子的战友。

(3) 不当“驯兽师”，学做“镜子”

孩子只有认识自己才能战胜自己，但他们通常只能依据他人的反馈来认识自己，这时父母的“反馈”作用即镜子的作用就很重要了。父母不要做“驯兽师”，要学做“镜子”，才能帮助孩子提高自我意识，才能让孩子不害怕父母的“权威”，转而和父母沟通。教育是三分教，七分等。“等一等”是很有用的。比如，我们被蚊子叮了一下，不管它，很快就会没事，若总去挠，却要很长时间才能好。原因就是人体有一定的自我治愈功能，被蚊子叮一下自己很快就会好，施加外力只会适得其反。教育也是这个道理。停下来，等一等，给孩子倾诉的机会，和孩子有效地沟通，不用教育就能解决问题。

2. **与孩子共同分享一种兴趣**

世界闻名的丹麦童话作家汉斯·克里斯蒂安·安徒生出生于一个城市的贫民家庭。他创作出的童话故事如《海的女儿》《卖火柴的小女孩》等受到全世界儿童的喜爱。他父亲虽以修鞋为生，但却深知早期教育的重要性。他常常利用休息时间领着安徒生沿着羊肠小道，攀上高处，给他讲欧登王城堡的故事，讲他小时候所经历的遭遇，讲穷苦人的故事。父亲明白自己不能给儿子提供什么好的玩具，看着小安徒生求知若渴的眼睛，他也常常感到很内疚。有一天，他在做活时剩下了一块木头，顿时想到可以给孩子做些小玩意啊！他决定给儿子做几个木偶。父亲把木偶做好了，又对他说：“你去和妈妈要一些没有用的碎布来，给这几个小‘演员’缝制几件衣服。”小安徒生听了，高兴地叫道：“好啊，我这就去找妈妈！”他兴冲冲地跑到妈妈那儿。在爸爸的帮助下，终于给小木偶们各自缝了一套衣服，安徒生细心地替他们穿好。父亲对他说："他们是不是很像几个演员？咱俩玩'演戏'怎么样？"他从院子里搬来一张桌子当作舞台，用头巾当幕布，还从书架上找来一本名叫《荷尔堡》的书做剧本，就这样，父子两人在堂屋里即兴演起戏来。他们互相练着台词，不时地争执该用什么样的表情和动作，简直像两个专业的演员。爸爸滑稽的动作和幽默的语言把小安徒生逗得东倒西歪，乐得他实在演不下去了！妈妈这时也放下手里的活当他们的观众。隔壁的邻居们也被笑声吸引过来，都笑这父子俩真是疯了！

之后，安徒生又遇到一位对他创作很有帮助的人，一位在医院里专门给人收拾东西的老太太约翰妮，她是位和善并且会讲很多故事的老人，对这座古城的每一块石头、每一棵老树，她都能讲出故事来。讲完后她总是说："这一切都是存在的，不是瞎编的。"安徒生认真地听着这些故事，听时他常流出眼泪或者大笑起来。日子久了，他听到了很多的故事，就把这些故事讲给小伙伴们听。自此以后，安徒生就迷上了故事，迷上了演戏。那些虚构的人物和情节对他来说，就像挪威古老神秘的森林一样吸引着他。为了演好戏，为了了解更多的故事，他疯狂地喜爱上了看书。这对他以后的童话创作产生了很大的影响。随着年龄的增长，他开始意识到，机遇是要靠自己努力寻找的。于是，在1819年6月的一天，14岁的安徒生走到母亲的面前，说出了自己埋在心中多年的理想："我要当演员，我要演戏。"他不顾家人好心的劝阻，毅然踏上了通往哥本哈根的漫漫长路，去实现自己的理想。安徒生在剧院牧童合唱队或士兵队里扮演小角色，度过了哥本哈根那漫长的冬天后，他逐渐意识到演戏并非他追求的最终目标。他开始改变追求的目标，他要用自己的语言来支配演员的行动，他要写作。为了避开一些人鄙视的目光，他外出旅行，到法国、德国或者意大利，广泛接触生活在下层的穷苦人民，他为自己没有能力来帮助他们而感到痛心，于是他就用童话的形式，把人民大众的疾苦和对美好生活的向往写出来。他热爱编故事，以每年写一本书的速度勤奋写作。

他的童话作品每写出一篇，都会得到世界性的赞誉。他在写童话故事的同时，还写小说和戏剧。几年以后，他用巨大的艺术创作成果，证明了自己非凡的成功。他执着追求的梦想，也终于得到了实现，他的童话终于作品蜚声海内外，各种荣誉也接踵而来。

3. 误解后真诚地向孩子道歉

大人有时会错怪孩子，这很正常，因为许多大人不知道孩子心里想的是什么。孩子犯了错，要向大人认错，向被冒犯的大人道歉；可大人犯了错，错怪了孩子，却很少向孩子说声对不起，这就不正常了。但是，也并不是所有的大人都不向孩子承认自己的错误，在一所小学，就发生了老师向学生道歉的新鲜事。一次，班主任梁老师走进教室，看见刘晨同学正在大声说话，就当着全体同学的面批评了他。刘晨很不服气，对老师说："不是我先说的，为什么光说我一个人?"梁老师没想到刘晨会反驳，顿时有些生气："我就看见你说了!"刘晨的眼里涌出了泪水，不再吭声。晚上，刘晨想起白天的事，心里委屈极了。原来，老师不在教室的时候，有同学高声说话，影响别人写作业，于是他站起来说："你们别讲话了……"正在这时，老师进来了。怎么办？是把委屈憋在心里，还是告诉老师？刘晨决定把这件事写在日记里。第二天，语文老师批阅日记作业时，看到了刘晨的这篇日记，便马上交给了梁老师。梁老师了解到事情的真相，知道自己冤枉了孩子。怎么办？是找刘晨当面认错，还是公开道歉？梁老师想了一想，决定公开向刘晨道歉。在家长会上，梁老师当着全班同学和家长的面，检讨了自己没有调查清楚就错怪刘晨的错误，并诚恳地向刘晨说了声："对不起!"刘晨做梦也没想到，梁老师会对自己说"对不起"，一时不知说什么好，眼泪又一次流了下来……

一个位年过半百的老教师，能向一个11岁的小学生公开道歉是多么难得的事情！这说明，学生在老师的心中是非常重要的，她把孩子看作一个有着独立人格的人而给予尊重；同时，她又对孩子这样的未成年人，用自己的真诚保护了他们的自尊心。“人无完人”，谁都免不了会有过失。我们总不能像蜗牛一样，把所有的错误都装进一个大壳子里，天天背着，那有多累啊！其实，大人做了错事，也应该像孩子一样大胆承认并立刻改正。丢掉面子，丢掉错误，轻装上路，那该有多轻松啊！一次专家座谈会上，有位家长提出这样一个问题：大人犯了错误，面对孩子，应该怎样解释呢？比如说，孩子做了一件错事，我知道了就责备他，骂他。以后通过找老师，我发现错怪了他，但没有勇气向孩子承认错误，这一点让我们大人很难办。这位专家回答说：“大人也有犯错误的时候，大人也要实话实说。如果能对孩子说一声：‘对不起，我错怪你了！’孩子是会非常感动的。有时，家长老是放不下架子，觉得自己是大人，怎么可以随便向孩子说‘对不起’呢！其实这还是一个观念问题，我们跟孩子可以建立一种朋友的关系，有来有往，谁做得不对谁就认错。这样，反而显得大人很光明磊落，在孩子眼中也很有分量。”

高智商男孩

在人生竞技场，孩子只能自己去努力。父母既无法替代孩子，也不该自作主张去当“裁判”，而应该给予孩子一种保持良好竞技状态的力量，即“啦啦队”的力量。这样更能帮助孩子建立自信心，而这正是家庭教育的核心任务。父母做孩子的“啦啦队”，既要善于发现和赞美孩子，还要引导孩子正确面对失败，在挫折前做孩子的战友。

第五件事　别因你的强势导致孩子的弱势

有人说：母亲一手摇着摇床，另一只手却在摇动整个世界。这句话的意思是说，如果你在家里教育一个男孩，那是在为社会培养一个公民；如果你在家里教育一个女孩，那是在培养一个民族。因为她将来也会做一个母亲，会把自身的种种优秀品质代代相传。母亲在家庭教育中的重要地位是任何人都无法取代的。抚养孩子是母亲的天职工作，母亲对于社会的最重要的一种贡献，就是在孩子的幼年阶段，向他们传递自己对于人类思维成果和行为方式的理解。确实，母亲的言行，对孩子形成自己的思维和行为方式，起着相当重要和直接的作用。但如何正确地引领孩子健康成长，却是现实生活中很多母亲所欠缺的一种技能。我们常常抱怨现在的孩子太没主见，依赖性太强，但很多妈妈却没有意识到，这种没主见和依赖，恰恰是由父母的大包大揽造成的，而妈妈在其中的影响力更要大于爸爸。因为受“家长特权”心理的影响，很多妈妈常常会把自己的意志无形地强加给孩子，而孩子只能在这种种强加中拼凑着自己的思维方式。所以，更多的妈妈变得越来越强势，孩子则在这种种的约束中变得越来越趋向于“弱势”。下面是一些母亲的观点：

1. 我是他妈，不听我的听谁的

方女士，企业财务：也许是专业关系，生活中的我做事风格也很严谨。尤其是在对我儿子的管教上，我承认我有点主观，有时候几乎是专制。其实，可能是因为我父母从小对我管教严格的关系，我始终认为，家长就应该有家长的威严。现在的小孩，吸收新事物的渠道和速度远远超过大人，你不严格管教，孩子很容易走岔路。一直以来，丈夫工作很忙，由我来管理儿子生活中的一切。这在我和我家人眼里已成定式，我也习惯了儿子的一切由我来安排。七八岁的孩子，对许多事物的认识还处于启蒙阶段，更不具备自己的判断能力，此时正需要家长的帮助和引导，我管教他约束他是理所当然的。儿子今年夏天开始上学了，在我眼里原本乖巧的儿子，上学后，他开始有自己的主见，偶尔还会违背我，或者与我争辩。我记忆最深的是十一长假，他被同学邀请去家里玩，我答应了，长假休息七天，玩一两天，也不会影响学习。更何况，我也希望他是个善于与人沟通和交流的人。但后来，他提出要回请同学来家里，我没答应，并不是小气，实在是怕麻烦。我和丈夫双方父母年纪都大了，平时根本没精力来帮助我们，一家的日常起居，包括孩子的接送，都由我和先生自己承担，很辛苦。难得有个长假，能休息调整，来了这么一帮半大不小的小家伙，跟着他们后面转都来不及，太累人了。

孩子很委屈，找爸爸帮忙，最终还是被我拒绝了。先生怨我对孩子太严厉，我的理由是不立规矩，怎成方圆？尤其是对小孩，只能是说一不二，经常出尔反尔，那还怎么立威信，他以后还能听你的吗？我就是要儿子明白，我是他妈，他听我的话是应该的。这次期中考试，儿子没能得双一百，他的解释是粗心。这种理由被我毫不客气地制止了，不好就是不好，找理由只是为了给自己退路，让这个不好变成合理化，小小年纪就学会这一套，长大了，还能认识到自己的错吗？

爷爷奶奶和外公外婆偶尔来看孙子，会不满我的教育方式。面对他们的不满，我会耐心地解释（当然是背着我儿子）。他们虽然年纪大了，但还蛮能理解我，最多把我说一通，也就不再干涉了。其实，我的专制只对我儿子，因为我认为这样做是必须的。他是我的儿子，我有教育他和培养他的责任，即便别人认为我太强势，但我认为有必要这样，至少在他目前这个年龄段。

2. 强势妈妈容易给孩子造成心理负担

曹小姐，在读研究生：母亲与小孩之间的关系一直较为微妙。如果真是说起强势妈妈这个概念，归到传统理念上，大家还是会认为：打是亲骂是爱。但是要注意的是这个“强势”的程度，如果是将孩子的思考模式和行为方式都强行纳入自己的价值体系，我认为这个关系就有些畸形了。因为妈妈的出发点是使孩子明白正确的价值观念与处事方法，如果一味以自己的标准要求孩子，很可能会造成孩子超过自己年龄层次的心理负担。而且，从妈妈行为的逻辑起点分析的话，造成强势的原因并不仅仅是客观上为孩子着想，很可能是由生活、工作中各种压力的积累造成的。换个角度，如果孩子在家中习惯了弱势的地位与应对方式，有可能会造成两个后果，一是对妈妈强势地位的向往，从而在家庭之外产生过于强烈的对强势地位的需求；二是一直居于弱势地位，无法完成角色转换，在家庭之外也过于胆怯。

我们都会唱“世上只有妈妈好”，但如果有时候妈妈干涉子女太多，就会让孩子觉得“妈妈不好”了。毕竟妈妈的身份应该是给予孩子更多的关爱、宽容以及尊重，而不是一味地要孩子听从自己的意愿。特别是当孩子一天天懂事，他们也会有自己的思想，自己的朋友，所以，作为母亲，要多与孩子沟通和交流。现在社会上有一种妈妈，她们自己在事业上是很成功的，同时，她们希望孩子也做到最好，作为她们争取面子的一种手段。一旦孩子没有做好，有可能就会遭到母亲的责骂，这样会造成孩子心理上的自卑。

高智商男孩

21世纪的孩子，更应关注心理健康，让孩子的童年有一个美好快乐的记忆，也为他们走向社会奠定一个良好的心理基础。

第二章

环境决定未来高度

在法国，为了给孩子们营造具有启发性的环境，小学设置了一门“启发活动”课程，每周7课时，没有确定的教学大纲，内容包括若干科目领域，这实际上是一种进行科技启蒙教育的新途径。同样在德国的中小学校中，科学课教学遵循的是“直观原理”“自由活动原理”“一切从儿童出发”和“整体性原理”，它强调充分利用儿童的经验、启发儿童进行活动、促进儿童的独立性；强调引导儿童通过自己的活动去掌握科学方法和有关的技能。科学课还必须向儿童传授新的经验，唤醒儿童对那些还没有处于其视野之内或至今还未曾接触到的事物形态发生兴趣，使他们能在自我行为的基础上对现实生活产生更进一步的认识。所有这些都是为了给孩子们营造一个具有启发性和刺激感官的环境，让他们在良好的环境中茁壮成长。

■第六件事 营造培养“天才”的环境

很多家长都有这样一种观点：“孩子刚生下来的时候都是一样的，仅仅由于后天所处的环境不同，特别是儿童时期所处的环境不同，有的人可能成为天才或者英才，而更多的人则变成了凡夫俗子。即使是普通的孩子，只要教育得法，也会成为不平凡的人。”当然，这样的观点也有其片面性，他在强调环境对孩子的成长作用时，忽视了他们在天赋上存在的差异。有这样一个例子：有两只刚刚出生的小狗，它们由一母所生。但是，两只小狗却完全不同，其中一只狗活泼可爱、聪明伶俐，另一只狗则愚蠢痴呆。这种差异完全是天生的，完全是由于它们的天性不同造成的。而另一个例子则证明了相反的观点。有两匹长得一模一样的小马。一匹交由一位庄稼人去喂养。但那个庄稼人非常贪得无厌，在这匹小马还没有发育健全时就用它来赚钱。最后，这匹小马变成了无价值的驮马。而另一匹小马被托付给了一个聪明人，在他的精心喂养下，最后这匹小马竟成了日行千里的骏马。

以上这两则小故事代表了有关天才与成才的两种截然相反的观念，前者强调的是天赋，认为人的命运是由其天赋的大小决定的，而环境的作用是次要的，与此相反，后者则几乎视环境的作用为万能，天赋的作用则毫不重要。自古以来，在关于孩子的成长问题上，很多人更倾向于第一种观点。孩子的天赋当然是千差万别的，有的孩子多一点，有的孩子少一点。如果所有的孩子都受到一样的教育，那么他们的命运就取决于其禀赋的多少。可是今天的孩子大都受的是非常不完整的教育，他们的禀赋连一半也没有发挥出来。如果对一个智力平平的孩子实施有效的教育，最大限度地发挥他的禀赋，也会优于生下来天资聪颖但受到教育不完整的孩子。当然。如果对生下来就非常聪明的孩子施以同样的教育，那么前者肯定是赶不上后者的。根据上述的理论，如果对生下来就具备高超禀赋的孩子施以良好的教育，那他的发展就是不可估量的，但遗憾的是，人们对“天才”的教育往往是失败的。父母对孩子往往过分挑剔，挑剔太多，最终会引起孩子的逆反、压抑与怨恨，因父母施加的压力过大而半途而废的“天才”不是少数。

如果我们找到了隐藏在孩子身上的某一种特长，那么这只是向我们提供了孩子发展方向的一种极大可能。大多数孩子也确实在以后的人生道路上，能在与此相关的领域里取得成就。但是我们还是不能过早地限定他的发展方向。我们不能说：瞧，这个孩子有运动特长，将来一定能成为一个世界冠军。我们把他送到某体育学校去，其他的课程孩子根本不需要学，他只要学会如何拿冠军就可以了。这里有一个兴趣的问题，一般来说，在某一个方面有优势，也相对会在这个方面有兴趣，但这不是绝对的。一个孩子在小时候发现的特长，有可能并不是他人生发展的最终方向。在童年时期，孩子的心理并不是那么稳定，外界的任何事情都有可能成为一个诱因，引导他走上一条完全不同的路。所以，在孩子还小的时候，不要太早限定他的发展方向。正确的做法是，即便是发现了孩子的特长，我们也要尽量让他全面发展。在这点上，著名物理学家杨振宁的父母是一个好榜样。

杨振宁6岁时，父亲杨武之学成归来，开始教儿子许多新的知识。他用大球和小球讲解太阳、地球和月亮的公转情形，教授英文字母，也教杨振宁一些算数……广博的知识开阔了杨振宁的视野，也大大增加了他的求知欲。因此，杨振宁上小学后，数学和国文对他产生了很大的吸引力。到9岁、10

岁的时候，杨振宁的数学天赋渐渐显现出来，到11岁入初中时，他这一方面的能力更充分显现，但杨武之对此处之淡然。有一个暑假，杨振宁想让父亲教自己解析几何和微积分，当数学教授的父亲只是笑了笑，结果那一个暑假，杨振宁读了两个月的《孟子》。在杨武之的书架上，有许多英文和德文的书籍，杨振宁常常拿来翻看。但当时他的外文基础还不够，细节看不懂。他常捧着厚厚的书去找父亲，杨武之只是看着聪颖的儿子说“慢慢来，不要着急”，偶尔也会解释一两个基本概念给他听。杨振宁16岁了，该考大学了，杨武之这才不慌不忙地介绍儿子接触近代数学的精神，让儿子渐渐明白纯数学太虚，不够实用。杨振宁的目标转到化学上，但在准备入学时，他自修了高三的物理，发现物理更适合自己的口味。认为自己有学物理的气质，于是，他毫不犹豫地选择了物理专业，而扎实的数学基础为他在物理上的成就铺平了道路，最终他获得了诺贝尔物理学奖。杨振宁自己曾经给一名家长写道：“让你的孩子像正常孩子那样成长，不要过于急迫地施加压力学数学或是其他学科，因为人生是多方面的，我认为最主要的是在这个年龄要让他在心理上、学习上平衡发展。”

从杨振宁的成长足迹看来，虽然他很小就显示了数学方面的优势智能，但是他的父母并没有太早限定他的发展方向。杨振宁虽然从小表现出了过人的数学才能，但是在后来的成长过程中，他选择的不是数学，而是最感兴趣的物理。杨振宁的例子表明，发现了孩子的特长之后我们还要关注孩子的兴趣，尽量让他全面发展，让他有一个更健全的人格，也就是说，我们不能过早限定孩子的发展方向。

高智商男孩

望子成龙，望女成凤，每个家长都是一样的，都希望自己的孩子是一个天才，但如何培养一个天才呢？首先需要一个良好的环境，美国儿童教育专家指出，培养天才男孩需要一个好环境。

■第七件事　尊重男孩的天性

家庭教育的原则应该是尊重孩子的天性，顺应孩子所长，给予积极的辅助和引导，比如有的孩子比较有心计，那么这个孩子很可能会成为某个领域的杰出人才，但是也容易因为心事太重而承受压力，遭受挫折。这时父母就应该在帮助他实现自己目标的同时注意劝诫孩子不要被自己的抱负所累，人生不可能完美，要学会取舍和放下；有的孩子天生是个乐天派，什么事情都不放在心上，那么这样的孩子会很容易获得快乐，也不用担心他会钻牛角尖，但是这样的性格很容易不思进取，不学无术，将来生活在一个较低的社会层次上，这时我们就要帮助孩子树立一定的进取心。有效的辅助和引导可以培养出一个天才，压抑孩子的天性则可能泯灭一个天才。

1. **扬孩子所长，避孩子所短**

教育就是帮助孩子成为他本来可以成为的人，因为人是生而不同的，就像姚明无论怎么努力也成不了爱因斯坦一样，反之亦然，智慧父母懂得和孩子一起观察和发现孩子的天性并加以合理的引导。

西班牙画家毕加索对20世纪的艺术史无疑有着浓墨重彩的一笔，对毕加索，人们总喜欢称他为“人类艺术史上罕见的天才”。然而人们却不知道在天才背后发生的故事。毕加索很有艺术天赋，5岁时所做的剪纸就已惟妙惟肖，创作的《手握大棒的赫克勒斯》绘画作品令人叫绝。毕加索被当地人称为天才。然而，被视为天才的毕加索却不适应学校的学习生活，上课对于他来讲就是一种煎熬，他听课时总是不能集中注意力，思想总是在稀奇古怪的幻想天地里遨游。他上了两年学，还没学会简单的算术，更谈不上读书了。毕加索后来回顾道："一加一等于二，二加一等于几？我脑子里根本就没去想。切莫认为我未作努力，我当时也拼命想集中自己的注意力，可就是办不到。"一到下课时，同学们就跑到呆呆发怔的毕加索面前，逗弄他："毕加索，二加一等于几？"老师则认为这孩子智力低下，无法施教，经常跑到毕加索父母面前，绘声绘色地描绘毕加索的"痴呆"症状，为这事毕加索的母亲又羞又恼，觉得无脸见人。左邻右舍也一反常态，不再为他的绘画天赋叫绝，而是说："瞧那呆头呆脑的样，只会画几幅画有什么用，他的父亲不也是一个小画家吗？不也是和我们一样穷吗？"当时，几乎所有的人都认为：毕加索是一个傻瓜。面对来自方方面面的讥嘲与蔑视，毕加索的父亲仍然坚持自己的意见：毕加索读书不行，绘画是极有天赋的。这不只源自舐犊之情，还在于他对孩子的真正理解和赏识。

为了掩饰自己学习上的落后，毕加索总是毫不费力地绘出才华横溢的图画，企图以此来躲避他学习上的无能。可是不论怎样，嘲讽却愈来愈猛烈，这使得小毕加索脆弱的心灵蒙上了阴影，他变得不爱说话了。为了抚慰孩子受伤的心灵，关键时刻，是父亲为他擎起一片蓝天。父亲每天坚持送孩子去上学，一到教室父亲便把画笔放在课桌上。既然孩子读书不行，就不要勉强他，更不能由此扼杀孩子的绘画天赋。这段时间，父亲成了儿子强有力的心理依靠，似乎离开了父亲，毕加索根本没有勇气去面对生活。以致每天上学，必须得到父亲会来接他回家的承诺后，毕加索才会松开父亲那温暖的手。有了父亲的支持，毕加索每天都沉浸在想象的天地里，虽然功课不好，但他却在绘画的天地里找到了快乐。作为坏学生，在学校关禁闭已成了毕加索的家常便饭，禁闭室里只有板凳和空空的墙壁，可是毕加索却很高兴。因为他可以带上一沓纸，在那里自由地绘画。毕加索的父亲从不因此而责骂他。

赏识自己的孩子，不是容忍孩子一错再错的缺点，也不是盲目地溺爱，如果孩子有着几乎与生俱来的弱点，而我们又一味不顾实际情况，恨铁不成钢，以恶言恶语、冷嘲热讽对待孩子，这会给孩子心灵造成难以愈合的创伤。毕加索的父亲在关键时刻拯救了孩子，我们做父母的也应该尽可能地扬孩子所长，避孩子所短，使孩子身心得到健康的发展。

2. 辅助而不是塑造

每个孩子身上都蕴藏着不可估量的潜能，有效地辅助孩子开发这种潜能就有希望获得巨大成就，而如果按既定方向塑造孩子则可能泯灭这种潜能，我们应当尊重每一个幼小的生命，爱惜生命的每一个内涵。不能开发每个孩子的潜能，是父母教育的失职和悲哀。

湖北省武汉市的舟舟，出生于1978年4月1日。父母给他取名胡一舟，意在希望他像一叶自由的小舟，快乐地去访问人生的每个港口。然而，舟舟还没有满月，竟被查出患有先天愚型病症。

尽管舟舟是智障，可他的父亲胡厚培还是有意识地培养孩子的自立意识，让他接触外面的世界。吃早餐时，胡厚培会给舟舟两块钱，让他自己出去买吃的，但舟舟经常是哭着跑回来。有一次，12岁的舟舟竟然光着身子哭着回了家，原来，有的孩子欺负舟舟，还扒光了他身上所有的衣服。胡厚培夫妇伤心极了，但他们还是不愿意把舟舟关在家里，使他失去生活和快乐的权利。

一天，舟舟的母亲张惠琴路过一家音像店时，发现一群人中不时地传来鼓掌声和喝彩声。她走近一看，原来是看似呆板的舟舟正在那儿进行音乐指挥，他的动作竟是如此的洒脱自如。突然，张惠琴心想：自己不能把舟舟培养成大学生，为什么不引导他向音乐指挥方向发展呢？当张惠琴兴奋地将自己的想法告诉丈夫时，胡厚培十分赞同。

于是，张惠琴便从音像店买来《梁祝》《卡门》《拉德斯基进行曲》等曲子的磁带，随时播放给舟舟听。而舟舟无论在哪儿，一听见音乐，就常常挥舞双手指挥起来。

1999 年元旦前夕，中国残联特地邀请舟舟参加残联举办的春节晚会。在那次晚会上，舟舟将自己的音乐天才发挥得淋漓尽致，受到钱其琛、吴仪、邓朴方等领导人的好评。邓朴方拥抱着舟舟，深情地说：“一切生命都是伟大的！”

高智商男孩

每个孩子都是天才，哪怕天生有缺陷的孩子，他们也都有巨大的潜能等待父母去挖掘。做父母的责任是帮助孩子发挥他天性中的长处，克服他的短处。遵照孩子的天性进行帮助，就会像庖丁解牛一样游刃有余，而忤逆孩子的天性，按照自己的愿望去塑造，就会像螳臂当车一样自不量力。

第八件事　让音乐激发孩子的潜能

音乐对孩子智力的发展有着积极作用，而且这种作用是绝对压倒其他因素的。音乐是促进孩子成长成才的灵丹妙药，它可最大程度地优化大脑的发育，增强孩子多种智能的发展；音乐还能培养孩子社会和情感方面的技能，增强孩子的责任感；音乐也能使孩子的动作能力和情绪控制能力得到进一步发展，使孩子能快乐地、有创造性地与别人沟通；它有启迪智慧、教化人类等种种了不起的功能，但首先必须让孩子喜爱音乐，学会倾听音乐，理解音乐，从听觉到心灵都沉浸在音乐之中。这样才能真正感受到音乐中流淌着的智慧和人格的力量，才能真正被音乐所打动，从而灵魂得到升华，变得更高尚、更有智慧。

1.“音乐活动”益于儿童成长

孩童时期的儿歌、动作以及音乐游戏，可以很自然地把幼儿引进语言、感官以及重要的运动能力的训练上。有节奏感的动作与语言、歌曲结合起来的“音乐活动”，能促进幼儿大脑的进一步发育，特别是大脑的“语言区”和“刺激控制区”。这两个区域对孩子自我管理、自我控制能力的形成，是至关重要的。不幸的是，这种有趣的、自然的“大脑训练”形式被电视和一些理论性太强的儿童早期教育方法所替代。

音乐是幼儿欢乐的源泉，孩子能把它转化为自己的有创造性的表达方式，而且音乐的学习要求全身心地投入，这也就是它对儿童有强烈吸引力的原因。在音乐活动中，孩子的注意力可以通过各种途径得到发展。例如，一个新的音色、一首新的歌曲或乐曲很容易使孩子集中注意力，因而在倾听、歌唱和演奏活动中，孩子的注意力便得到了锻炼。孩子弹奏乐曲的时候，他的注意力必须是集中的，他在练习弹奏的时候实际上就是在进行注意力的训练。就是简单的主调音乐也有旋律、低音等多种因素，要求不同音高、不同节奏、不同音量、不同音色的多种音乐成分的准确配合，能不能合理、有效地分配注意力，无论对从事学术、事业，还是对管理、领导工作，都是一种非常重要的素质和能力。为了演奏好一首乐曲，必须将音乐上的听觉感知与手指、手臂和身体各个部位的动作巧妙自然地协调一致。这种锻炼，不是单纯的“智力”，也不是单纯的“体力”或“灵敏”，而是对孩子将来各方面能力的发展都至关重要。

在不同风格音乐的选择上，简单、上口、优美、无伴奏的曲调或歌曲对儿童最合适。选孩子们感兴趣的主题尤佳。歌词也应与孩子的世界相关：富有想象力和创造性，充满美好的、天真烂漫的思想。专家们很推崇民歌，因为民歌是“词与曲完美联姻的产物”，旋律是“自然地浮出于语言”。当然，任何事物都是“物极必反”。老师和家长也没有必要整天让孩子生活在音乐的背景中，这也不利于健康。适当的静寂气氛能提高孩子的听觉分辨力。在安静的环境中，孩子能集中精力去听。总处在强烈声音刺激的环境中的孩子会排斥音乐，也就失去了音乐潜能发展的机会。

当孩子有机会玩简单的乐器时，音乐的体验对其大脑的发育非常重要。使自身以外的东西发出声音，孩子就会极其兴奋地参与到音乐活动中。孩子会试着用乐器发声，用此方式来表达自己。当用鼓、铃铛、韵律棒等小乐器即兴“创作”时，孩子能够逐渐摸索出他们创造各种声音的能力和这些声音间的关系。当一个孩子是按父母的意志去演奏某种乐器（如钢琴或小提琴）而自己又不愿意时，就会有压力，会适得其反。所以，要让孩子自由地玩乐器，并从中得到乐趣，这对孩子兴趣的培养是很重要的。

2. 乐器有利于开发儿童的右脑

才华横溢，想人之不能想，想人之不敢想的爱因斯坦，与常人不同的地方就是他特殊的思考方式，他以高度的视觉思考逻辑，构思出了举世闻名的“相对论”。

爱因斯坦的思考方式为什么不同于常人？这与他从小受艺术熏陶有关。爱因斯坦从小酷爱乐器，他对乐器的爱好来自他的母亲。母亲波琳·科克在爱因斯坦很小时就对其进行了启蒙教育，每当母亲坐在钢琴前弹奏悦耳的曲子时，小爱因斯坦总是静静地坐在那里听得入迷，母亲也感到了孩子有很强的音乐感。在爱因斯坦6岁的时候，母亲就教他拉小提琴。随着时光的流逝，爱因斯坦对小提琴渐渐入迷，后来，小提琴成为他一生的至爱。虽然当时爱因斯坦在练小提琴时也感到很苦、很累，因为传统的小提琴教授法要让初学者一连几小时反复、机械地进行弓法练习和指法练习，但是，在13岁之后，他就懂得了和声与曲式的数学结构，体会到了演奏莫扎特作品的技巧和奥妙。琴弦和心弦共鸣，他一生中的科学和艺术生涯也开始了。

爱因斯坦不仅是一位伟大的科学家，也是一位优秀的小提琴家。在爱因斯坦身上，科学和艺术得到了统一和互补。不管旅行到哪里，爱因斯坦的身边总是带着一把小提琴，甚至参加柏林科学院的会议也要随身带着琴盒，以便会后拜访普朗克、玻尔时，能在一起拉拉弹弹。在思考广义相对论的日子里，一旦爱因斯坦的思维陷入了低谷，他就会不由自主地放下笔，拿起琴……当那优美、和谐、充满想象力的旋律开始响起的时候，爱因斯坦的灵感也随之而来。曾经有人说，爱因斯坦能够取得极高的成就，与他学习小提琴有很大的关系。这话有一定的道理，因为，演奏乐器是一种细腻的艺术形式，它无处不在的张力能够使人的想象力和理解力发挥到极致。正是拉小提琴让爱因斯坦在数学的王国里能够自由、有创意地想象，正是拉小提琴让爱因斯坦在物理学深奥的理论中找到自己的思路。目前，已经有许多国内外的专家认为：演奏乐器具有开发右脑潜能、调整大脑两个半球功能的奇特功效。世界心理学会曾随机将144名6岁大的孩子分成4组。在为期9个月的时间里，4个小组中有3组在著名的多伦多皇家音乐学院分别参加了器乐、声乐和戏剧学习，而另外一组则没参加任何这方面的学习。检测表明，参加器乐和声乐学习的孩子的智商平均提高了 7 个智商分，而参加戏剧的小组及对照组的孩子则平均仅提高了 4 个智商分。这种结果的产生是有科学依据的。人的大脑分为左右两个半球：左脑负责完成语言、阅读、书写、计算等工作，被称为“语言脑”；右脑负责完成音乐、情感等工作，被称为“音乐脑”。在日常生活中，语言是人类必不可少的交流方式，因此，作为“语言脑”的左脑的利用率特别高，而作为“音乐脑”的右脑的利用率则特别低，这样，人的左右脑的功能往往是失调的。实际上，作为“音乐脑”的右脑能够使人产生创造力、想象力及灵感，它是创造性思维的来源，因此，如果我们能够设法开发和利用右脑，那将会大大提高人的智能。正如美国著名心理学家劳伦斯强调的：“只有当大脑右半球即‘音乐脑’也充分得到利用时，这个人才最有创造力。”

“音乐脑”的开发在幼儿时期是非常重要的，因为，幼儿时期是“音乐脑”的推理能力和空间想象能力开始形成的时期。这一时期“音乐脑”的思维模式不仅容易形成，而且能永久保持。所以，幼儿期如能让孩子经常学习演奏乐器，就可以大大地开发“音乐脑”，提高孩子的智能。这对孩子的一生将产生重大影响。心理学家的研究发现，演奏乐器不但是一种消遣活动，而且可以提高儿童的智力水平。实验表明，从儿童 4 岁开始就让他们多听莫扎特或贝多芬的音乐，他们在学习的过程中能够不断提高成绩。即便是每天只弹 10 分钟的钢琴，儿童的智力测试成绩也会有大幅度的提高。

高智商男孩

音乐的神奇效力是广泛认同的。因此男孩将训练听力作为激发潜能的重点方式之一，孩子多听潜能激发音乐，有助于未来的成长。

■第九件事　让孩子在绘画中体会快乐

有的家长认为孩子在小时候有一定的绘画才能，将来长大了就很可能成为画家。其实这是一种误区，小画家和大画家之间并没有直接的联系。大量的事实证明幼儿时期画得相当出色的孩子，长大后真正成为美术工作者的为数并不多。但是，许多医生、科学家、设计师和画家的成才之路却常与儿时爱画画有着密切的联系。这是因为幼儿美术最大的特点就是发展了幼儿的创造性思维。在幼儿时期通过美术活动培养这种素质是非常有利的，为幼儿今后的成长打下了良好的基础。美术活动除了可发展幼儿创造性思维外，还可以培养敏锐的观察力、灵活的动手能力和初步的审美能力。幼儿一旦形成了这种能力，就可以促进其他方面的学习，促进孩子的全面发展。因此，不管孩子是否有美术天才，也不管孩子长大后当不当画家，鼓励幼儿参加美术活动，培养孩子的绘画才能，通过活动发展幼儿的智力和能力，无论对孩子的今天还是明天都有好处。

聪聪是一个可爱的孩子，他喜欢画画，入幼儿园前就爱用彩色粉笔在地上涂鸦，入幼儿园后画画的兴趣更强烈了。爸爸专门给他购买了彩色画笔，用废纸订了一些小本本，有的时候一晚上他就能画上一小本。爸爸妈妈只教了聪聪握笔的姿势和认识红、黄、绿、蓝等颜色，至于画什么他们从来不限定框框。聪聪的画可以说是随心所欲、十分夸张：飞机千奇百怪；汽车、枪炮是最新“研制”的；人和动物的某些特征相互“移植”，有时头比肚子大，美其名曰“未来人”，有的后脑勺多长了一只眼，说是“外星人”；小鸡跟在妈妈身边不是在走路，而是张开翅膀像鸟儿一样飞翔。他还画过一张有关月亮的画，月亮上盖起高楼大厦，与地球架起了索道。问他架索道干什么？他说准备以后到月球上去住。问他想爸爸、妈妈怎么办？他说利用人工索道来接爸爸、妈妈。问他在那里吃什么？他说那里养着狼和老虎，可以吃狼肉和虎肉。他的画和话道出了儿童天真的本性。

聪聪画画的时候非常专注，旁若无人，仿佛完全置身于画的意境之中。画枪炮时嘴里就发出“嗒嗒嗒”“轰轰轰”的枪炮声；画飞机学飞机起飞的“轰轰”声；画战斗场面时还不住地喊着“冲呀”“杀呀”，好像他就是画里的某个人。这种天真的行为，让人觉得很好笑，但是如果用心体味，融进他的那种气氛之中，便会被深深感染。孩子的圣洁、纯真的心境所产生的美妙感觉，难以用言语表达。

让孩子学画画，并不表示是想让孩子当画家，主要是通过绘画活动，培养孩子的审美能力和高尚情操，开发孩子的想象力，培养孩子的观察力、记忆力和创造力，锻炼手的灵活性。使孩子在绘画中舒展自己内在的想象和情感，通过绘画把自己对周围事物的认识表达出来，从而培养儿童的审美情趣和修养，尤其是培养良好的心理素质和毅力、耐力。现在各种少儿美术培训班乃至幼儿园、小学的图画课，大部分从临摹入手，强调以“教师为主导”，限制了孩子想象力的发展。那种单纯把绘画技术、技巧作为美术启蒙教育重点的做法是脱离孩子生活实际的，也是违背儿童心智发展规律的。记得有份材料介绍，美国的孩子画太阳可以画红的、白的、黄的，而中国的孩子画太阳只能是红的，这充分说明了限制儿童想象力造成的弊端。有一件事令人难忘：乐乐上幼儿园时，在一次绘画课上，老师让画一只大公鸡，而且老师还画了“样板”。但是，乐乐却画了一座大楼，然后在大楼的最高层画了一只大公鸡。大公鸡将头伸向窗外引吭高歌，楼顶上有扩音喇叭，楼内有电视机、录音机，楼下还有绿绿的树木和一群正在散步的鸡娃娃。虽然画得不甚美观，但应该说这是一幅充满想象力的画。这幅画出自一个不满6岁的孩子之手已非易事，但因为没按要求去画，老师只给了个“及格”的成绩，乐乐委屈得直哭。放学之后，乐乐又哭着把画拿给爸爸看，爸爸没有责怪他，而是对他的想象力给予了充分肯定，并用红笔给他打上了鲜红的“优”，然后把这幅画裁下来，贴在乐乐的床头上，乐乐破涕为笑，他认为爸爸的评判是最公平的。

儿童的绘画是儿童本身的一种情感宣泄，体现了他们天真的童心、童趣，其中也折射着智慧的萌芽、性格的动向，他们更多的是为满足自己情感的宣泄，所以想怎么画就怎么画，我行我素，无拘无束，自由自在，没有任何负担。如果把他们这种本性加以限制，让他们按照既定的意图画这画那，他们会感到不知所措，感到画画很难，有压力，慢慢地就会失去兴趣。在指导孩子画画的过程中父母应该怎样做呢？

1. 从孩子的兴趣入手。孩子们都喜欢玩，都喜欢新鲜的东西，所以开头几次活动应该尽量多提供一些绘画工具，油画棒、毛笔、彩色水笔、水粉颜料、胶水、毛条、手工纸、铅画纸、卡纸、白报纸、彩色卡纸、旧报纸、广告纸等，和孩子一起玩绘画游戏、手工游戏，吸引孩子动手参与，渐渐地适应活动，乐于活动，期待活动的开始。

2. 给孩子积极的肯定，鼓励孩子大胆作画，多为孩子的进步加油鼓劲，多表扬多赞赏，给孩子多一点的自信。

3. 在指导孩子画画的过程中重要的是多给予引导、少示范，不能让孩子比着已有的画“照抄”。可以先画给孩子们看，然后将示范画收掉，鼓励他们自己画，画得不一样也很好。父母还可以经常带孩子去田野，去爬山，去看海，去动物园，让孩子随身带着画笔，在观察浪花、树木、建筑物、旷野、天空以及天上飞翔的小鸟、动物园里的野兽，产生创作的欲望时，马上画上几幅。这样做，比让孩子待在家里画画效果好得多。

4. 注重和孩子交流讨论，帮助孩子丰富画面的内容。可以从主题交流开始，收集相关的资料和实物，鼓励孩子大胆发言说出自己的看法。画画的同时也要多交流，当孩子画不下去的时候，进行一些引导性的交谈，鼓励孩子运用已有的经验进行想象，自己来丰富画面。

5. 尊重孩子。孩子都有自己的个性，也有自己的喜好色，即使明知不好看也不妨让他尝试一下，然后再比较给他看，这样做远比你说教的效果好。在画画过程中不干涉孩子运用图形和颜色，让孩子做画画的主人，让孩子体验画画的乐趣，并进一步得到提高。孩子间不做无谓的个体比较，每个孩子都是独一无二的。

儿童绘画有一个过程和规律，画面是与他的心理发展和绘画能力相符合的，儿童学画画应表现儿童的感受和天性，应具有儿童独特的思维方式和想象。有的家长不理解这些，对儿童的画过分挑剔，不给予尊重。常听说："这孩子尽胡画，哪有把人画得比房子还高的？这画的是什么呀？难看死了！"常常用成人的眼光和标准来评判儿童画，要孩子照大人的想象画，画不好就命令："擦了再画！"这样做会使孩子对画画产生畏缩情绪和厌烦情绪，这种教育方法往往会扼杀孩子的想象力，限制他的自由想象空间而使其失去绘画兴趣。作为父母应经常鼓励孩子，任他充分发挥自己的想象力，这不失为促进孩子成才的一个秘诀。

高智商男孩

学习是快乐的，美术学习中的创作更是快乐的，艺术学习的体验同样是快乐的、自由自在的。美术学习需要欣赏和借鉴，前人之鉴，后人须借，大师走过的路为我们树立了榜样。要从自己做起，从现在做起，身体力行，体会到学习的快乐，将来成为对社会有用之人。

第十件事　男孩要保持一定的好奇心

“妈妈，我是哪来的?”“妈妈生的。”“妈妈是哪来的?”“妈妈的妈妈生的。”“妈妈的妈妈……”经常和孩子在一起，你一定会发现他们似乎有问不完的问题，闯不完的“祸”，弄得大人往往觉得他们挺烦。但如果我们静下心来，便会从孩子问这问那，摸这摸那中看出，其实他们是对大千世界充满了好奇，他们渴望通过自己的探索了解世界，探个究竟。牛顿因为苹果从树上掉落而引起好奇，后来发现了“万有引力定律”；瓦特对滚水把水壶盖子掀起产生好奇，进而探究其原理，才有蒸汽机的发明……

孩子常常对我们已经习以为常的东西表现出极大的兴趣，好奇心是孩子们的天性，往往蕴藏着不可预测的潜能，也是他们敢于探索新知，敢于创新的动力，是获得智慧的关键。保护孩子的好奇心，就是保护孩子的未来幸福。

1. 让孩子在满足好奇的过程中获取知识

当孩子对一件东西表示好奇并且开始表现出一种破坏物品的行为时，你该怎么做?有没有想过如果保护了物品你可能就无法保护孩子的好奇心了?在我们传统的教育观念中，长辈们似乎更关心的是保护物品不被孩子损坏，而对孩子的要求就是不要调皮捣蛋，这样的观念是一种扼杀孩子好奇心的观念。

著名教育家陶行知先生曾碰到这样一件事。一位母亲对他抱怨说，她的儿子非常淘气，把好好的一块贵重金表给拆坏了，她把儿子打了一顿。陶行知先生当即说："可惜呀，中国的爱迪生让你给枪毙了。"陶行知先生的这番话确实道出了目前在家庭教育中，一些父母是怎样在无意中扼杀了孩子可贵的好奇心。因为这会直接影响到一个人的创造性的形成。保持孩子好奇心的诀窍是大人要有童心，要会换位思考。大人对孩子的好奇心不能理解，甚至不耐烦是因为孩子因好奇心而引发的问题，大人早就知道了，站在大人的角度，没什么可解释的。正如作家桑姆·金丽所说："我们的眼睛变得只盯着追求的目标，以至于对眼前的玫瑰花也不惊奇。"因此首先要解决的问题是尊重孩子的好奇心，允许他提问。其次不要敷衍孩子，要给孩子的提问以满意的回答。如果自己不懂，就带孩子一起去找答案。另外，家长要学会说这样一句话："我真喜欢你爱提问题。"有时对孩子的提问，还可以不马上提供答案，而是进一步提出一个疑问和悬念，激起他更强的好奇心。最后，允许孩子探索，比如拆东西。家中如果有贵重东西，尽量放在孩子看不到的地方，如果他看到给拆了，就千万不要责备他。否则对孩子的好奇心是致命的打击。好奇心是孩子们的天性，也是他们敢于探索新知，敢于创新的动力。创造精神就像是一双巨大的翅膀，能带着孩子在知识的天空里展翅高飞。父母可从保护孩子的好奇心开始，培养他们的创造精神。

诺贝尔物理学奖得主、美国加州理工学院物理系教授查德·费曼天生好奇，自称为"科学顽童"。他十一二岁就在家里设立了自己的实验室。在那里自己做马达、光电管这些小玩意，还用显微镜观察各种有趣的动植物。他还在其著作《别闹了，费曼先生》一书中讲述了自己在念研究生时发生的一件事。为了弄清蚂蚁是怎样找到食物，又是如何互相通报食物在哪里的，他着手做了一系列实验，如放些糖在某个地方，看蚂蚁需要多少时间才能找到，找到之后又如何让同伴知晓；用彩色笔跟踪画出蚂蚁爬行的路线，看究竟是直的还是弯的。正是这些实验使他知道蚂蚁是嗅着同伴的气味回家的。由此可见，费曼先生在物理领域取得的巨大成就与他强烈的好奇心不无关系。父母要想为自己的孩子创造良好的启发环境，就应该保护孩子的好奇心，鼓励他们在满足好奇的过程中获取知识。

2. 制造悬念，用好奇心引导孩子

著名教育家陈鹤琴曾说过："好奇动作是小孩子得着知识一个最紧要的门径。"强烈的好奇心能使孩子产生学习的兴趣，孩子只有对学习产生了兴趣，才能从学习中体验到快乐，才会热爱学习，并主动学习。

小斯宾塞有一段时间只爱玩游戏，对书本不感兴趣。一天，老斯宾塞拿着个沙漏，告诉他说，这是古时候的钟表，里面的沙子全部漏下去时，正好是三分钟。小斯宾塞想玩玩这个沙漏。这时老斯宾塞说，以沙漏为计时器，和爸爸一起看故事书，每次以三分钟为限。小斯宾塞很高兴地答应了。小斯宾塞果然静静地坐下来听爸爸讲故事。但事实上他根本没有留意看书，而是一直看着那个沙漏，三分钟一到，便跑去玩了。老斯宾塞没有气馁，他决定多试几次。这样数次之后，小斯宾塞的视线渐渐由沙漏转移到故事书上了。虽说约定三分钟，但三分钟过后，因为故事情节吸引人，小斯宾塞仍听得特别入神，他要求延长时间，但老斯宾塞坚持"三分钟"

约定，不肯继续讲下去。小斯宾塞为了早点知道故事情节，就自己主动阅读了。开始的时候，老斯宾塞在一旁陪伴孩子读书。遇到不认识的生字，小斯宾塞也懂得询问了。不久，老斯宾塞教孩子学习查字典。他在以后的短短半年中，所学习的生字超过了很多大孩子。当然，故事书也远远不能满足他的阅读兴趣了，小斯宾塞开始广泛地阅读有用的书籍，大大开阔了自己的视野。

在人类社会里，对任何事物都保持一种强烈的好奇心的人，兴趣往往十分广泛，创造力也特别强。这种人对大家觉得平常的问题，依然保持着强烈的好奇心和旺盛的求知欲，驱使着他不断学习、积极进取。

每个人在成长的过程中看到自己不了解的事物都想探个究竟，小的时候更是这样，孩子会对自己所看到的一切感到惊奇，常常会向父母问这问那，久而久之即使最有耐心的父母也会感到麻烦、费劲，其实他们往往忽视了重要的一点，好奇心是促使孩子学习、成长的良机。好奇心不是凭空产生的，它是可以培养的，如果学习的内容就像一壶白开水，没有一点悬念，没有人会对此产生兴趣，真正的趣味学习在于制造悬念，由浅入深。有一对父母，他们不是把孩子看的书放在书桌上，而是把这些书籍藏起来，可爱的孩子觉得父母既然把它藏起来，肯定是一本不同寻常的书，便“偷”来仔细阅读。可见，只要掌握了孩子的好奇心，就别怕孩子没有学习的动力。激发孩子的好奇心，是父母成功引导孩子的关键所在。

3. 珍惜孩子的好奇心，父母应该怎样做

(1) 给孩子创造一个丰富多彩的学习环境

环境刺激是丰富多彩的。当世界上千姿百态的事物具体地呈现在孩子的面前时，要让他们亲自去看看、听听、闻闻、尝尝，以至摸、掰、拆等摆弄一番。这实际上就是让孩子主动去探索生活中的奥秘。日常生活中，可以让他们多玩些色彩鲜艳的或者能活动、能发声的玩具，如各种娃娃、带动力的小汽车、飞机及小铃铛、玩具乐器等，从一开始认识世界就丰富他们的眼界。在节假日还可以带他们出去郊游，大自然中的花草树木、鸟兽虫鱼、青山绿水都充满了知识的奥秘，对孩子有着无穷的吸引力。

（2）让孩子自己探索问题

有的父母只是注意丰富孩子的知识，不厌其烦地回答孩子提出的问题，这样一来，就会使孩子不能很好地开动脑筋、积极思考。父母应该鼓励孩子开动脑筋，认真思考，查阅相关书籍和资料，自己寻找问题的答案。

（3）为孩子提供动脑、动手的机会

根据孩子模仿性强、爱动的特点，可以让他们利用手边的工具，充分运用各种感官，自己观察，自己动手操作，让孩子体验到一种自我成就感和乐趣。比如，让孩子自己制作简单的玩具，自己设计一种游戏等。他们对于自己动脑筋想出来、自己动手做出来的东西，有一种偏爱和特殊的兴趣，因而类似活动有利于激发起他们强烈的好奇心和求知欲。

（4）经常与孩子参加户外活动

父母可以和孩子多逛逛游乐园、动物等，户外活动更容易引发孩子的好奇心，是培养孩子创造精神的好环境。

（5）利用故事增强孩子的好奇心

故事是用口语化的艺术语言来表达的，它有内容，有情节，形象生动，孩子一般都非常喜欢听。故事不但能丰富孩子的知识，扩展孩子的视野，使他们从中懂得人生的哲理和人生价值，而且还能起到增强好奇心、丰富想象力，从而激发求知欲望的作用。

高智商男孩

男孩似乎具有特别的破坏能力，什么东西到了男孩手里，没一会儿就能把它大卸八块，弄得家长哭笑不得。一些家长为了保护玩具，不许男孩任意摆弄玩具，更不许男孩拆卸。殊不知，家长们的这种做法是本末倒置的，虽然保护了玩具，却阻碍了男孩的探索思维和创造性思维的发展。

第三章

高智商也要高情商

在现实生活中高智商的人会经常遇到，而高情商的人则十分少见。因此，在具有同等智商的前提下，高情商的人就具有明显的优势，他们比别人拥有更好的人脉，比别人更少地遭受情绪的破坏，也更容易适应环境、把握机遇。然而令人遗憾的是，尽管情商比智商在人生中发挥着更普遍、更重要的作用，但它还是经常被人们忽视。人们在学校里可以通过各种不同学科的开设来提高人的思维水平，但是却没有任何一个课堂专门教孩子如何提高情商。

高智商男孩

生理的成熟可谓水到渠成，而心智的成熟却需要特殊的磨炼。而且假如缺乏必要的指导，那些磨炼也可能变成打击，不仅不能提高人的成熟程度，还会带来痛苦和麻烦，所以男孩要重视情商的培养。

第十一件事 成功，从情商开始

情商（EQ）又称情绪智力，它主要是指人在情绪、情感、意志、耐受挫折等方面的品质。情商高的人，生活比较快乐，能维持积极的人生观，有良好的人际关系，他们成功的机会也比较大。长期以来，人们将智商视为人生成败的决定因素，并将它作为衡量个人能力的主要指标。但是大量事实证明智商并不是一个人成功的决定因素。

美国有一个叫泰德·卡因斯基的人，他 16 岁进哈佛，20 岁毕业。而后，在密执安大学获数学硕士、博士学位。接着，就到世界第一流的加州伯克利大学数学系任教。然而，卡因斯基虽然智力超群，但却从未培养自己的情商。整个中学时期几乎见不到他的影子，他从不同任何人交往，更不能与人建立长久关系。在大学里，他也如此，人们送他一个绰号“哈佛隐士”。卡因斯基在制造炸弹方面有特殊才智，但他在社会方面却是低能儿，因长期压抑而导致心理异常。他不但对社会没有起到好的作用，并且用自己的炸弹杀死了 3 人，伤了 22 人。显然，智商高远非成功的唯一因素，而情商的高低则对成功有着重要影响。专家认为，一个人是否具有较高的情商，和童年时期的教育培养有着密切的关系。因此，培养情商应从小开始。

1. **情商的构成**

情商包含着丰富的内容，简要地可概括为五个方面：认识自身的情绪（了解自己情绪）；妥善管理（控制）情绪；自我激励；认知他人的情绪；善于协调人际关系。

（1）了解自己情绪的能力

很多人并不能真正了解自己的情绪，他们的真实感受往往被自己隐藏起来或遭到扭曲。比如，让一个特别怕蛇的人观察铁丝笼里的蛇，他可能会声称自己不害怕，因为理智告诉他一条被关起来的蛇对他不构成威胁；但如果在他身上装上传感器，就可以探测到他的身体出现了一系列与焦虑和恐惧相关的生理反应。人贵有自知之明，只有充分了解自己的情绪，才能有效地驾驭它，否则就容易成为本能的奴隶，或陷入自欺的泥沼。因此，了解自己情绪的能力是情商的基石。

（2）控制自己情绪的能力

善于控制自己情绪的人能迅速摆脱焦虑、沮丧和破坏性冲动，从生命的低谷中走出来。每个人都有情绪失控的时候，但失控的程度和持续时间主要取决于你的情绪自控能力。

（3）自我激励的能力

保持持久的热情是成功的必备条件，通过自我激励，能够产生强大的内在动力，从而高效地实现自己的目标。

（4）认识他人情绪的能力

人不仅需要有自知之明，还要有知人之明。从某种意义上说，人的一生就是与他人合作或对抗的一生，只有洞悉他人的情绪，才能更好地与人沟通，产生情感共鸣，或对其施加影响，实现自己的愿望。

(5) 处理人际关系的能力

处理人际关系，实际上就是管理他人的情绪。人际关系的好坏，不仅关系到一个人事业的成败，还在很大程度上影响其一生的幸福。善于处理人际关系的人会有更多的成功机会，应对失败的能力也会更强。

2. **情商教育的重要性**

儿童到四五岁时，脑量会长至成人的2/3，其精密的演化是一生中最快的阶段，最重要的学习能力，尤其是情感学习能力，也在这个时期得到最大的发展。6岁以前的情感经验对人的一生具有恒久的影响，一个儿童如果此时无法集中注意力，性格急躁、猜疑、易怒、悲观、具有破坏性、孤独、焦虑、有各种恐惧的幻想、对自己不满意等，以后，面对人生的各种挑战将很难把握机会，发挥潜力。可以说，他这时已经输在起跑线上了。所以，在儿童阶段进行正规、系统的情商教育十分必要，这是奠定人生成败的基础。

孩子将来走向社会，要面对的是不可预测的而又多变的环境，必然也将面临着来自四面八方的挑战，若靠过人的硬件谋取一个好的职位，却没有足够的“软件”来应对各种挑战和压力，不利于自己的发展。一个高情商的孩子，会很清醒地看到自己的优点和缺点，既不会因为成绩好、受老师赏识而自傲，也不会因为自己在某方面不如人而自卑。高情商者善于洞察并理解别人的心态，能控制自己的情绪，并设身处地为别人着想，领悟对方的感受，尊重他人的意见。因此，他们善于人际沟通与合作，人际关系融洽，在复杂的人际环境中游刃有余。一个高情商的孩子，在集体中有好人缘，容易受老师和同学的喜爱和欢迎，很少感觉孤独。高情商者做一切事情的动力来自于内部，有很强的自觉性、主动性。决定做一件事后，没有完成是不肯罢休的。做任何事情，都动机明确、兴趣强烈、独立积极、不甘落后，而且有勇气，自信心强。一个高情商的孩子，懂得自动自发，自动做事、自动读书、自动做功课等，因此，就算他的智商不比别人高，但成绩也可以比别人好。高情商者目光长远，不沉溺于短暂的利益之中，他们想问题、做事情眼光放得远大，不会满足于眼前的一点点欲望。1960年，著名的心理学家瓦特·米歇尔，在斯坦福大学的儿童园做了实验。他召集了一群4岁的小孩，在一个大厅里面，墙壁上不要太花里胡哨。他在每个人面前放了一块软糖，对他们说，小朋友们，老师要出去一会儿，你们面前的软糖不要吃它，如果谁吃了它，老师就不会再给你一块软糖。如果你控制住自己不吃这块软糖，老师回来后会再奖励你一块软糖。老师走了以后，大家看着软糖，有的小孩过一段时间手伸出去了，缩回来，又伸出去了，又缩回来，一会儿过后，有的小孩开始吃了。但是有相当多的小孩坚持下来了，老师回来过后，给坚持住的、没吃软糖的孩子，再奖励了一块。

跟踪实验的结果表明：那些有耐心等待的孩子，长大后比较能适应环境、讨人欢心、敢冒险、自信、可靠；而那些只满足眼前欲望的孩子，长大后各方面成就都不高。相反，忽视情商教育会带来许多危害：抗挫折能力低，社交能力弱，情绪自控能力差等，这些能力的缺失，使他们缺乏竞争能力，难以在社会上立足，给家庭和社会带来很多麻烦和困难。

高智商男孩

心理学家认为，情绪特征是生活的动力，可以让智商发挥更大的效应。所以，情商是影响个人健康、情感、人生成功及人际关系的重要因素。

■第十二件事　培养孩子的完美性格

健全的人格和性格是人心理健康的核心内容，性格标志着一个人的思想品质。良好的性格对个人对社会都有积极的意义，它能使人上进，让人奋发图强，因此父母应该重视对孩子完美性格的培养。

1. 良好性格的重要性

心理学家指出：良好的性格是事业取得成功的保证。正如德国革命家台尔曼所说："不论你的将来走什么路，你的性格为你的行为提供了前提。一个人的历史就是他的性格。"良好的性格促人成才，不良的性格使人毁誉。

凡是有成就的人，都是有知识的人，而知识的积累离不开坚韧的求知态度。学习是一个十分艰苦的过程，随着学习的深入，难度就会越来越大，就需要付出更大的努力去克服，需要坚持不懈地去努力。儿童正处在一个成长、努力求学的过程中，因而具有一个坚韧的求知态度，是保证在学业上取得成绩的重要条件。

伟大的发明家爱迪生一生的创造发明达2000多项，这与他前半生具有的胆大、智谋、不尚空谈的发明家的性格分不开。但他晚年滋生了因循守旧的顽固性格，囿于自己创造的直流电系统，极力反对新兴的交流电系统。当交流电系统取得决定性胜利时，他受到被责令退出通用电气公司的耻辱。

良好的性格是事业取得成功的保证，不良的性格对人的影响和损失也是非常明显的。研究发现，不良的性格对人的身体健康会带来不好的影响。如当人们紧张时，心跳和脉搏的次数会有增加，血压也会升高，皮肤表面由于出汗量增加的缘故，导电性将大为增加，呼吸的次数及呼气吸气所需要的时间也都有改变。这些改变都可以用仪器连续地记录下来。如果将测量血压、呼吸以及皮肤导电性的仪器装配在一块，那就成了所谓测谎器了。人们平日喜怒哀惧等情绪的反应，大多为时甚短，其所引起的生理变化也比较短暂，而后迅即恢复常态。

所以，情绪通常并不会造成器官的损伤，而无碍于健康。但若紧张的情绪因故延迟，那么，与之相伴的生理变化也将随之持续下去，这样就将使某项器官或组织较长期地陷于“不正常”的活动状态，久而久之就会使某些器官的功能丧失，或是使器官本身受到损伤。例如，人在恐惧的时候，血压将升高；如果某人因故长久地陷于忧虑恐惧状态，则其血压将一直比正常情况高，而构成功能性高血压。再比如，人在生气的时候，食欲常会降低，因而吃下去的食物就减少了，而同时胃酸的分泌却反而增加了，超过当时实际的需要，同时因胃壁充血的关系表现面积增加，胃壁黏膜也随之延展，使某些部位变得单薄些，保护胃壁的作用降低，这些反应持续出现，使胃壁部分受到胃酸的侵蚀而形成溃疡。不良的性格对人的身体健康的影响是十分巨大的。

总之，良好的性格对一个的成长和成才，起着极为重要的作用。相反，不良的性格对一个人的成长和成才是有着严重的不良影响的。所以，父母要努力塑造孩子良好的性格。

2. 家庭对孩子性格的影响

“养不教，父之过。”大家都知道这是《三字经》中的一句话。从这句话中，我们可以看出，古人对家庭教育还是十分重视的。

在一个人性格的形成过程中，家庭起着至关重要的作用。有的心理学家认为，性格形成的基础是在家庭里打下的。家庭生活与社会生活的各个方面紧密地联系在一起。有人把家庭比喻成一个小型的社会，家庭是儿童一生中接触的第一个社会。

家庭是儿童生活时间最长的环境，充分的时间可以使儿童与家长朝夕相处在一起，接触机会多，影响面广泛。

（1）母亲对儿童性格形成的影响

西方的心理学家曾经进行过这样的实验：将小猴与其母亲分开，将它放在一个笼子里。在这个笼子里，有两个假的人工制成的“母亲”，一个是铁丝制成的，身上有一个奶瓶，另一个也是铁丝制成的，只是外面用绒布包上了。研究人员观察小猴去找哪个“母亲”，结果发现，小猴只有在饿的时候才去找有奶瓶的那个“母亲”，等吃饱以后，就回到没有奶吃、用绒布包着的那个“母亲”身边去。这个实验说明，对于猴子来讲，也并不是有奶便是娘，猴子也是需要母爱的。在另一个实验中，将出生不久的小猴与它的母亲隔离，单独饲养在一个物质环境很丰富的笼子里。一年后发现，这个失去母爱的小猴表现出了情绪不稳定、不合群、畏缩、攻击性强等特点。母爱被剥夺的雌性动物成年后生崽，对幼崽也缺乏母爱。

有人对孤儿院的儿童进行观察发现：这些孩子虽然都能够在生理需要上（衣食住行等）得到满足，但是，他们缺乏母爱，没有亲子之情，大都表现出冷淡、孤僻、性情粗暴、攻击性强等不良性格特征。

在我们的现实生活中，缺乏母爱的也不乏其人。在有的家庭中，由于父母长期在外地工作，孩子往往不能得到正常的母爱；在有的家庭中，父母虽然与孩子住在一起，但是由于种种原因父母整天忙于工作，无暇与孩子待在一起，孩子也得不到母爱；还有的家庭，虽然父母与孩子天天见面，但是由于家长的教育方式不当，孩子仍然得不到正确的母爱。

这种现象的唯一后果就是孩子在性格上必然会出现问题。

(2) 家庭结构的完整性对儿童性格形成的影响

目前，在我们的社会中有许多单亲家庭。单亲家庭是指儿童的家庭中缺少父亲或母亲。造成单亲家庭的原因主要有两种：一种是父母离婚，另一种是父母亡故。单亲家庭对儿童性格有着不良的影响。一般的说，父母离婚比父母死亡对子女性格的影响更大。

有研究表明，在因父母离异而产生的单亲家庭中，由于失去父亲或母亲的关爱，缺少交往，与正常家庭相比，单亲家庭中的儿童经常表现出焦虑、紧张、畏缩、自卑、冷漠、孤僻、暴躁，并有攻击性行为。

另外，父母的文化程度，尤其母亲的文化程度，直接影响儿童性格的发展。总之，性格的形成，起之于童年，早期家庭教育对孩子的性格形成和发展影响是巨大的。父母是孩子的第一位老师，作为父母不仅要承担抚养子女的责任，而且更要承担教育的责任，应该高度重视儿童良好性格的早期培养，掌握教育孩子的科学方法，从幼小抓起，从细微入手，逐步培养儿童良好的行为习惯和健全的人格，为其以后性格的进一步发展和完善奠定基础。

高智商男孩

作为孩子的教练，应该很多事情都想在前面。你不仅要帮助他们练好技术，练好身体，更要使他们有良好的心态，有坚强的性格，有宽容的精神，父亲的一举一动都在潜移默化地影响着孩子的成长。你这个“教练”称职与否，直接关系到孩子性格的形成和智力的开发。

■第十三件事　让孩子做自己情绪的主人

喜悦、愉快的情绪能促进孩子身体的健康成长，使他在成长的道路上从容地面对陌生的环境，与周围的人和谐相处，甚至更好地表达自己的想法，体现自己的优势。反之，恐惧、悲伤等情绪不仅会危害孩子的身体健康，更会歪曲了他的人生观。因此培养孩子的积极情绪，对于他的身心健康发展具有十分重要的意义。

“东边日出西边雨”不仅是一种自然现象的客观描述，而且也是少年儿童情绪特点的有趣比喻：一边是趋向成熟、愉悦、平静、稳定、调控，积极的情绪因素不断增加；一边是情绪问题陆续地出现，厌学、抑郁、焦虑、冷漠，诸如此类的问题给他们的成长与发展罩上了阴影。有的阴影随着时间的推移自然消逝，可有的阴影却需要施加人为的驱散力量，促使各类情绪问题的顺利解决。

俗话说：六月的天，小孩的脸。倒过来讲，也有道理：小孩的脸，六月的天。意思是指小孩的表情像六月的天气，时而晴空万里，时而风雨大作。

表情是情绪的外部信号。表情的变化在很大程度上反映出情绪的变化，年幼的儿童尤其如此。心理学的研究证实，情绪的不稳定性是儿童的一大年龄特征。但是，这里有两个值得注意的问题：一是年龄差异。10 岁的孩子与六七岁的孩子虽同是儿童，可是，如果 10 岁孩子的情绪仍然像六七岁一样，动辄哭闹，毫无节制，那就显得情绪幼稚化了。二是情绪诱因。一般情况下，孩子的喜怒哀乐都是与一定的诱因联系在一起的。做错事受到父母的批评，孩子一副沮丧的神情；与友伴玩游戏取得了胜利，兴奋之情溢于言表。情绪又可分为健康的与不良的两种，健康的情绪引导孩子积极向上，不良的情绪妨碍孩子健康成长。不良情绪有多种表现形式，而且几乎在所有孩子的身上都有一些表现，因此，帮助孩子克服不良情绪，是每一个做父母的不可忽视的问题，对帮助孩子的健康成长至关重要。

如果孩子产生了抑郁、恐惧、焦虑、嫉妒等不良情绪，便会给孩子造成不必要的心理压力，势必影响孩子的心理健康，导致这样那样不良后果的产生，因此，帮助孩子走出心灵的阴影，排除心理压力，才能使孩子轻松愉快生动活泼地健康成长。

1. **自卑**

要孩子克服自卑感，父母自己要有自信心，并把自信心传给孩子。父母要多教育孩子，让孩子知道任何人都有自己的优点和缺点，不管是身体方面还是其他方面，都是这样。父母还应多给孩子讲：许多人都有着自己的缺陷，都会产生自卑感，关键要能够克服自卑感。

俄国大文学家列夫·托尔斯泰，曾因自己的相貌而自卑。据说，从小他就对自己的容貌十分敏感。他的眼睛不但小而且还是凹进去的，前额窄，嘴唇厚，鼻子像大蒜头一样，耳朵大得令人吃惊。他在学校时，老师对他的评价也不高，说他哪一方面都不行。他感到苦恼：像自己这么丑的人，可能一辈子也不会取得成功。但他终于挺起胸来，扬长避短，不被不良评价所影响，最后终于写出了《安娜·卡列尼娜》等文学名著，成为世界级的文学大师。

亚里士多德、达尔文、伊索、拿破仑都有口吃病，亚历山大、莫扎特、贝多芬、拜伦都因身体佝偻、口吃、身材矮小、耳聋等而产生过自卑感，但他们并不因此而灰心，也没有因此而丧失生活的勇气。他们坚定了成就大业的信心，结果都取得了成功。当孩子了解到这些名人的故事后，慢慢就会树立起自己的信心，增强进取的勇气。

2. **孤僻**

下课了，孩子们像小鸟一样快乐地“飞”出活动室，三三两两地结伴而玩，而超超常常是独自坐在座位上看着别人愉快地玩耍，偶尔随着别人的欢快笑声自个儿也微微一笑，没有人过来找他一起玩。有时，从超超的眼神里也能看到他也想加入同伴们的游戏团体，但他总是很少被他们注意到，当然自己也不知怎样才能加入孩子们中间。

晨间活动被安排在户外，活动内容是玩球，主要目的是让幼儿自由结伴练习抛接球。老师让小朋友自由选择自己喜欢的人，一起去试一试。只有超超一个人孤零零地站在那里，老师发现了这一情况，走过来亲切地拍拍他的肩，鼓励他和小朋友一起玩，但超超紧张地摇摇头，拨弄着地上的皮球，瞧瞧老师，看看同学，怎么也不肯加入游戏……

在这里，超超就是一个孤僻的孩子。

在孩子的成长过程中，爱与温情很重要，如果父母不注重与孩子沟通，孩子便会产生孤独感。父母在与孩子沟通时，要注意孩子没有明说出来的思想感情，要学会聆听和促使孩子说话。有时候，出于自尊心或是别的原因，孩子并不愿意或认为没有必要用语言说出他们的思想感情，但他们又很想让父母明白他们的意图，这时，他们就会改用另一种表达方式对父母进行暗示。细心的父母一定可以发现孩子的这种微妙的变化，弄清孩子没有明说的思想感情。所需要的技巧是：了解孩子隐藏在内心的思想感情的微小、微妙的变化，如同在阅读时注意字里行间的含义所需要的技巧一样。

3. 焦虑

一名小学六年级的学生在信中这样写道：

“考试成绩终于出来了，果然不出所料，我又考砸了，数学得了90分，语文只得了85分。爸爸、妈妈虽然没有批评我，可我心里很难受！

我不是个学习成绩差的学生。平时作业我都是100分，98分。有时同学们遇到难题还向我请教。可每到考试我就不行了，本来会的题目也答错了，本来很熟悉的内容也想不出来了。我不断提醒自己：要细心、细心，再细心！可仍然出现看错题，抄错题的毛病。这次数学考试，我居然把‘÷’看成‘+’。我真苦恼……”

从信中可以看出，孩子存有某种程度的焦虑。

当孩子出现过度焦虑紧张的症状时，需要采取多种措施缓解孩子的焦虑紧张心态。

（1）音乐缓冲法。让焦虑严重的孩子经常听听舒缓、轻柔、优美的乐曲。

（2）幽默娱乐法。带孩子去听听相声，与孩子一起看看小品、幽默画，同孩子一道参加游乐类活动。

（3）自我“欣赏”法。让焦虑严重的孩子坐在镜子面前，看看自己焦虑的表情；对镜中的自己，倾吐心中的焦虑。

（4）后果重估法。严重的焦虑往往来自对后果的过分估计。考试焦虑的孩子往往认为考试成绩非常非常重要，少1分，天就可能塌下来。家长要引导孩子意识到：一次考试虽然重要，但不能说明一切；这次考不好，还有下次。

（5）整理活动法。要求孩子每天整理好自己的生活用具，学习材料。经常分配孩子干一些“整理抽屉”“整理房间”之类的活儿，也能减轻孩子的焦虑情绪。

4. **自尊心过强**

自尊心过强，即是倔强、不容易妥协、喜欢说好胜的话、表现高傲、不愿听取意见、不肯认错。一般而言，孩子到了一定年龄时，开始有自觉的思考力，有自己的想法和爱好。当他们正在发展这些能力的时候，一旦遇到阻力，就会出现不服从和顶撞父母的现象。父母觉得孩子不听话了，就用处罚的方式来教导他，愈是不服，就愈要惩罚，不知不觉中就把孩子训练得更倔强。要避免这种情况，父母教育的态度必须改变，当孩子说“不”时，不要立即发怒；当作没有听见，照常对待他，避免发生直接对抗。把你要他改正或要做的事说完以后，就静静等候，不要不断重复、呼喝和命令他。孩子见父母似乎没有改变主意，最后自然会顺从的。

当要孩子去做某件事的时候，给他一个整理情绪的时间，不要要求他立刻执行命令。这样会令他觉得自尊受损，于是倔强地不愿妥协，硬要与父母作对。例如，当孩子正在看电视，要他立即停止，一定引起他的不满和对抗。如果能先给他一个预告，比如说：“你已经看了很长时间的电视了，应该做功课了，再过 5 分钟，就关掉电视吧。”这 5 分钟，是给他一个调整情绪的时间，让他可能先有个心理准备，知道下一步该怎么做。这样他会比较容易接受安排，到时间后他会乖乖地关电视做功课。尊重孩子的时间，该休息时就不要强迫他做功课。父母的尊严，往往是引起和孩子冲突的原因。父母坚持孩子一定要完全听从安排，遭到拒绝就生气，觉得孩子不尊重自己；而孩子的自尊，令他不愿屈服在父母的命令下。培养孩子适当的自律，就必须把孩子当作“别人”一样来尊重，不要全凭父母的尊严、主观的想法，存有完全控制孩子的念头。站在第三者的立场来看自己的孩子，会看得较客观，也较清楚，更能冷静地去对待他们的问题。而且，给孩子适当的自尊是应当的，一个完全没有自尊的孩子会显得很自卑，很怯弱，跌倒了也不会站起来。

当孩子因过度好胜或倔强而犯错时，向他清楚解释他做错了什么，为什么错，使他知道自己所做的事产生了怎么样的后果和为什么受到责备。父母平时的言语也很重要，不要向孩子过分强调“竞争”的观念，应灌输“合作”“共享”的观念；鼓励孩子参加竞争性较低的活动，以及教导他参加这类活动的意义。

高智商男孩

要知道，要不要有情绪，有什么样的情绪，要如何表达自己的情绪等，这一切都取决于你自己的选择，而往往是在做一个能够让自己成长的选择的时候，你需要勇气来打破自己的旧模式和改变、扩展自己的信念与价值观，而这一点是需要勇气的。只有认清这些，你才算学会了妥善管理情绪，但是，这也是刚刚开始，你还需要不断地练习，假以时日，你就会成为一个真正的情绪管理的高手。成为这样的人，可以使你更加理智而有智慧，更能够冷静地看待这个世界。

第十四件事　培养孩子的自信心

自信对孩子的成长有巨大的作用，如果孩子是个自信的人，那么他处世乐观进取、做事积极主动、勇于尝试、乐于接受挑战；如果孩子缺乏自信，那么他就会在任何事面前表现出柔弱、害羞、恐惧的心理，不敢面对新的事物，不敢主动与人交往，从而失去了很多学习和锻炼的机会。因此，父母应该注重对孩子自信心的培养。

1. 自信心对孩子成长的重要性

美国的一个教育专家做了一个实验，将一个学习成绩较差班级的学生当作学习优秀班的学生来对待，而将一个优秀学生的班级当作问题班来教，一段时间下来，发现原来成绩距离相差很远的两班学生，在实验结束后的总结测验中平均成绩相差无几。原因就是差班学生受到不明真相的老师对他们所持信心的鼓励（老师以为他所教的是一个优秀班），使得差班学生学习积极性大涨，而原来的优秀班学生受到老师对他们怀疑态度的影响，自信心被挫伤，以致转变学习态度，影响了学习成绩。

自信就像能力催化剂，将人的一切潜能都调动起来，将各部分的功能推动到最佳状态。而高水平的发挥在不断反复的基础上，巩固成为人的本性的一部分，将人的功能提高到一个新的水准。一个人的成长路线如果是沿着这样的积极上升式行进，可以想象其积累效果是十分可观的。

在许多伟人的身上，我们可以看到这种超凡的自信，正是在这种自信的驱动下，他们敢于对自己提出高要求，并在失败中看到成功的希望，鼓励自己不断努力，获得最终的成功。在人才辈出的国家里，在那些伟人、名人身上我们同样可以找到自信的催化作用，而且在我们周围的优秀人才身上，也不断放射出自信的光彩。

美国人是一个自信的民族，这种自信心已渗透于美国教育的各方面，又反过来促进了民族优良文化的发展。在美国的家庭教育中，我们可以很明显地感觉到这一点。与美国人的教育思想相比，中国的家庭教育有更深的家长式教育传统，家长对孩子的基本教育方针是保护、灌输、训导。具体表现在对孩子的冷暖饥饱、人身安全方面的不同教育，在这方面，中国家庭都有过度保护的倾向。一个很有代表性的例子是：在美国，很多孩子喜欢玩滑板游戏，在街道两旁，广场的水泥路面上，常常有美国孩子冲来撞去，在几尺来高的台阶上跃上跃下，令人不禁为他们的安全捏了一把汗。有趣的是在这些玩滑板的孩子中，中国血统的孩子很少，原因是什么呢？玩滑板需要技巧，而中国人玩具有技巧性的游戏向来是不在话下的，但玩滑板需要胆量，因为它具有一定的危险性。同样在美国长大，为什么中国血统的孩子很少玩这些冒险的游戏呢？追本溯源，原因在中国家庭的传统意识上。许多中国家长认为这种游戏太危险，很容易摔断四肢，因而不鼓励孩子玩。虽然这种游戏对孩子的胆量是一种挑战与训练，但中国家长还是认为冒这种风险去训练胆量不值得，保险系数低。家长们的这种看法对孩子们有很大影响，使他们本来就有的、对这种运动的畏缩情绪更受到抑制，因而有理由后退。这种对身体的过度保护而带来的性格上的胆怯的缺陷，其实比一些不严重的外伤更具有损伤性，而且这种性格上的伤害将是终身的。外伤会很快痊愈，性格软弱却不是一朝一夕能改变的。我们当然不鼓励孩子随意冒险，这里有一个界限问题。但鼓励孩子有一定冒险精神，有克服胆怯的勇气，有与别人一比高低的信心，却是十分重要的。许多体育运动都具有培养孩子勇气、信心及冒险精神的特性，鼓励孩子积极参加有挑战性的运动，无疑会对孩子将来的人生发展带来很大益处。

在美国，从小学一年级开始，就有许多课题选择机会，要求学生自择题目，自组程序，到图书馆、实验室和博物馆做调研，完成课题研究，而在家庭中，父母也尽量提供机会，帮助孩子解答问题。这两种教育的效果区别是很明显的。中国留学生在美国学习几乎都遇到一个问题，当指导老师要求研究生自选题目时，中国来的学生束手无策，不断向老师挖情报，以便找出一些线索，否则便不知所措。这里显示了不同教育理论所导致的差别。我们希望自己的后代是有头脑，会独立思考的人才，但没有自信心的支持，很难培养出真正独立、有开拓精神的人才。

2. 培养孩子自信心的技巧

(1) 鼓励学习，增强自信

有位母亲第一次参加家长会。幼儿园的老师说："你的孩子有多动症，在板凳上 3 分钟都坐不了。"回家的路上儿子问老师说了什么，她鼻子一酸，差一点落泪。"老师表扬了你，说宝宝原来在板凳上坐不了 1 分钟，现在能够坐 3 分钟了。别的家长都特别羡慕妈妈，因为全班只有宝宝进步了。"那天晚上，儿子破天荒地吃了两碗米饭。第二次家长会，老师说："全班 50 名同学，这次你儿子数学排第 49 名，我怀疑他有智力问题，最好带他到医院看一下。"

回家的路上，她哭了。回到家里，看到诚惶诚恐的儿子时，她振作精神："老师对你充满信心，你并不是一个笨孩子，只要你能够细心些，会超过你的同桌。"说这些话时，她发现儿子暗淡的眼神一下子亮了。

第二天上学，儿子比平时起得都早。孩子上了初中，又一次家长会，老师告诉她："按你儿子的成绩，考重点中学有点危险。"她还是告诉儿子："班主任对你非常满意，只要你努力，很有希望考上重点中学。"

高中毕业，儿子把清华大学招生办的通知书送给了妈妈。边哭边说："妈妈，我一直都知道我不是个聪明的孩子，是您……"

这时，她再也按捺不住十几年聚集在内心的泪水。

小孩的特点是好奇、幼稚、缺乏自信。他们对每一点小小的进步都非常在乎，渴望得到大人的肯定。父母和教师要鼓励孩子学习，真诚地赞扬他们所取得的微小的成绩，使他们切实认识到，我能学好！从而增强自信心。

(2) 发挥特长，促进自信

孩子们的智力发展是不均衡的，每个人都有自己的个性特色。父母要了解孩子，激发他的优势。小田学习成绩不拔尖，但他天生一副好嗓子，朗读起课文来声情并茂，父母和家长充分发挥他的特长，让他担任学校广播站的播音员，他不仅发挥了特长，成绩也提高了很多，从而促进了自信心。

(3) 多让发言，培养自信

要重视孩子的语言发展。贫乏的语言环境妨碍学业的进步。要尊重儿童的意见和感情，创设安全的气氛，让孩子畅所欲言，要鼓励孩子在课堂上积极发言，以培养他们的自信心。要不错误地认为不声不响埋头学习就是好孩子。

(4) 指导实践，提高自信

要鼓励孩子参加各种解决问题的实践活动。无论是学科学习还是非学科学习，要指导孩子自己动脑筋解决问题，常使他们体验到成功的喜悦，那么，孩子的自信心就会得到提高。

高度的自信和自由奔放的创造性是密切相关的。研究表明，只有具有自由创造才能的儿童，充满自信，沉着镇静，善于独立思考，才能够聚精会神，专注于个人的学业，使学习效率不断提高。

高智商男孩

一个在游戏中总做不好的孩子，很难把自己看成是成功的人，他会减少自信心，并由此不愿再去努力，越是不努力，就越是做不好，就会越是不自信，形成恶性循环。成人应通过帮助他们，完成他们想要做的事来消除这种恶性循环。另外，对于缺乏自信心的孩子，要格外关心。如对胆小怯懦的孩子，要有意识地让他们在家里或班级上担任一定的工作，在完成任务的过程中培养大胆自信。

■第十五件事　提升孩子的自我效能感

自我效能感是指个体对自己是否有能力为完成某一行为所进行的推测与判断，这一概念是美国心理学家班杜拉最早提出的。这一概念一经提出，便引起广泛注意，许多心理学家对此进行了研究。人们发现它不仅影响我们的学习和目标设定，还决定我们在遇到障碍或不愉快经历时将坚持多久，它还影响着我们的思维模式和情感的反应模式，影响着人际交往以及对自我人格的建构。因此只有清醒地认识自己的能力及价值，形成良好的自我效能感，才能在以能力为本位的现代社会立于不败之地。但是自我效能感具有相对稳定性，早期的状况影响着后期的发展结果，因此帮助儿童形成良好的自我效能感对其具有深远的意义。

1. 自我效能感的形成因素

班杜拉在他的动机理论中指出，人的行为受行为的结果因素与先行因素的影响。行为的结果因素就是通常所说的强化，但他关于强化与传统的行为主义对强化的看法不同。他认为，在学习中没有强化也能获得有关的信息，形成新的行为。而强化能激发和维持行为的动机以控制和调节人的行为。因此，他认为行为出现的概率是强化的函数这种观点是不确切的，行为的出现不是由于随后的强化，而是由于人认识了行为与强化之间的依赖关系后对下一步强化的期望，他的“期望”概念也不同于传统的“期望”概念。传统的期望概念指的只是结果的期望，而他认为除了结果期望外，还有一种效能期望。结果期望指的是人对自己某种行为会导致某一结果的推测。如果人预测到某一特定行为将会导致特定的结果，那么这一行为就可能被激活和被选择。例如，儿童感到上课注意听讲就会获得他所希望取得的好成绩，他就有可能认真听课。效能期望指的则是人对自己能否进行某种行为的实施能力的推测或判断，即人对自己行为能力的推测。它意味着人是否确信自己能够成功地进行带来某一结果的行为。当人确信自己有能力进行某一活动，他就会产生高度的“自我效能感”，并会去进行那一活动。例如，小学生不仅知道注意听课可以带来理想的成绩，而且还感到自己有能力听懂教师所讲的内容时，才会认真听课。人们在获得了相应的知识、技能后，自我效能感就成为了行为的决定因素。

影响自我效能感形成的因素主要有：

(1) 个人自身行为的成败经验。这个效能信息源对自我效能感的影响最大。一般来说，成功经验会提高效能期望，反复的失败会降低效能期望。但事情并不这么简单，成功经验对效能期望的影响还要受个体归因方式的左右，如果归因于外部的不可控的因素就不会增强效能感，把失败归因于内部的可控的因素就不一定会降低效能感。因此，归因方式直接影响自我效能感的形成。

(2) 替代经验。人的许多效能期望来源于观察他人的替代经验。这里的一个关键是观察者与榜样的一致性。

(3) 言语劝说。因其简便、有效而得到广泛应用，但缺乏经验基础的言语劝说其效果则是不巩固的。

(4) 情绪唤醒。班杜拉在“去敏感性”的研究中发现，高水平的唤醒使成绩降低而影响自我效能，当人们不为厌恶刺激所困扰时更能期望成功。

2. 提升孩子的自我效能感

乐乐今年6岁，有一天妈妈问乐乐：“现在给你读一首古诗，10分钟后能背下来吗?”乐乐回答：“我觉得肯定不行，时间太短了!”乐乐对妈妈的回答，表现出了对自己行为结果的一种预期，也就是自我效能，这也是一种自我的暗示。当问孩子是否能在10分钟内背一首古诗时，孩子在没有背诵前的回答，就是自我效能。对自己的预期越肯定，自我效能感就越高。也许有的妈妈会说，这不就是自信嘛！是的，两者含义差不多，只是自信是一种最后的结果，是大多数情况对自己能力肯定的一种状态，而自我效能则是每一件事情上体现出的判断自己的过程。自信的孩子不一定在每一件事情上表现出来的自我效能都高，但是自信一定是孩子在很多事情上高自我效能感的累积总和。

培养一个自我效能感高的、自信心强的孩子，需要从以下几方面做起：

(1) 让孩子有许多成功的体验。

(2) 增加孩子的替代性成功经验。给孩子看年龄差不多的同伴顺利做成某件事情，并对他说你也可以，建立孩子间接的自信心。

(3) 注意对孩子的评价。孩子在4岁时已经能够将外在评价标准内化形成自己独立的评价，虽然仍处于较低水平。父母在这个时期，一定要注意自己的话语，要真诚地给孩子指出，通过什么样的努力可以获得成功。在生活中，应对一些通过努力可以解决的事情时，自我效能就起到了一个关键的作用。在孩子还小的时候，父母可以直接指导，但是，在孩子长大以后，在关键时刻，只有自我效能感伴着他一路前行了。

（4）树立多元智力观，建立多重评价标准。我们应改变过去只用语言和数理逻辑这一把标尺去衡量具有不同才能的孩子的做法，建立多重评价标准，去识别孩子所具有的独特能力。我们要看到虽然有的儿童语言发展不好，但具有较高的绘画才能；有的儿童可能不适于抽象逻辑思维，但形象思维发达；有的可能具有组织领导才能，如此等等。正如苏联著名教育家苏霍姆林斯基所说：“人不可能没有任何天赋和才能，以至于没有可能在生活中表现自己。”

高智商男孩

我们应相信每个人都有与众不同之处，给予每个儿童积极的肯定和鼓励，帮助他们形成对自己各方面能力的客观评价，从而建立良好的自我效能感。

第四章

男孩成长离不开非智力因素

非智力因素是指智力以外的对学习活动起着起动、导向、维持和强化作用的个性心理，如兴趣与爱好；愉快的情绪、对事业的热情；对挫折的忍受性与意志力等。

著名生物学家达尔文说过：“我之所以能在科学上成功，最主要的就是对科学的热爱，对长期探索的坚韧，对观察和搜集事实的勤奋。”而兴趣、坚韧和勤奋都属于非智力因素。长期的教育实践证明，非智力因素在人才成长过程中有着举足轻重的作用。不良的非智力因素对智力开发有扼制作用，优良的非智力因素对智力的充分发挥有促进作用，对智力上的某些弱点有补偿作用。父母要做的工作就是运用优良的非智力因素加强对孩子智力的开发。

■第十六件事　高智商与非智力因素

智力因素通常是指记忆力、观察力、思维能力、注意力、想象力等，即认识能力的总和。而非智力因素是指智力因素以外的一切心理因素，它对人的认识过程起直接制约的作用。其中主要包括兴趣、情绪、情感、意志、性格等，非智力因素是引导和促进孩子学习、成长的一种内驱力，它对孩子智力与能力的发展起着动力和定向的作用。

1. 非智力因素的内容

心理学家们把个性心理作为非智力因素的主要内容。大多数心理学家认为，非智力因素的主要内容有：

（1）兴趣与爱好；

（2）愉快的情绪、对事业的热情；

（3）对挫折的忍受性与意志力；

（4）活泼的性格、宽阔的胸怀；

（5）自信心与好强心；

（6）远大的理想与目标；

（7）崇高抱负；

（8）焦虑。

非智力因素究竟有什么作用呢？美国心理学家特尔曼和丽文斯，曾对

1528名智力超常的小孩的成长情况进行研究，持续50年，获得了大量数据。研究表明，这些智力相当的孩子，由于各自的非智力因素的不同，成人以后在事业上的成就差异悬殊。那些成就显著的人之所以成功，是因为比起智力同样超常的孩子来，有很强的进取精神，热爱自己的事业，做事认真，意志坚强，不屈不挠，坚持到底……一句话，他们的非智力因素也超群。我国通过对科大少年班孩子的调查发现，他们不仅对学习感兴趣，有着强烈的求知欲望，而且有为祖国实现四化做贡献的志向和强烈的进取心。他们从小就喜爱学习，学习时思想专注，学习中遇到难题从不轻易放过，有坚强的毅力和饱满的学习热情，这些都是他们成为超常人才的极为重要的因素。在现实生活中，不少家长对待孩子智力的发展十分重视，进行了大量的智力投资，但却往往忽视了对孩子非智力因素的培养，这在一定程度上影响了孩子智力的发展与学习效果的提高。有些孩子由于家长的溺爱、娇惯等不良教育方式的影响，造成了他们的创造性、懒惰、领带性强、意志薄弱等。所以从孩子进小学后就要注意对其非智力因素的培养。对智力水平较高的孩子，不要以为智力水平高了就可以万事大吉，还要注意培养他们的非智力因素，从而促使他们的健康成长。对智力水平一般甚至较差的孩子，更要重视培养他们的非智力因素，因为这往往能弥补智力上的某些弱点，促进他们智力的发展。

俗话说：勤能补拙、笨鸟先飞、勤奋出天才等，说的就是这个道理。一位五年级班主任，从她长期的教学经验中发现，她班上所有智力优秀的孩子在学习上都并不是最好的孩子，而一个智力中等的孩子，却是班里学习上的佼佼者，究其原因，就在于这个孩子有坚强的毅力。实际上，大多数孩子之间智商差异不大，为什么智力发展差异很大呢？主要原因是非智力因素影响的结果。因此父母应该加强对孩子非智力因素的培养。

2. 非智力因素对孩子成长的影响

在小学的课堂上仔细观察一下就会发现，同在一间教室听老师讲课的孩子，其表现并不相同：有的全神贯注，聚精会神；有的东瞧西看，心不在焉；有的神情焦灼，如坐针毡。为什么会有这么不同的表现呢？这是由于他们学习动机不同造成的。儿童的学习动机与他们的学习兴趣有紧密的联系，学习的兴趣则是能有效地提高学习效率的一种动力。为什么有些人看小说能废寝忘食，非一口气读完不可？为什么有些人看电影、电视那么入迷着魔，一分钟也舍不得丢开不看？这就是兴趣的作用。在平时生活中常有这样的体验：人一旦遇到不顺心的事就会心烦意乱，产生不满、烦恼、愤怒等不愉快的情绪。这时根本无法处理任何事情，无法安心学习。而当我们处于欢乐喜悦、满意等愉快的情绪状态时，不仅注意力容易集中，而且头脑也显得格外灵活，工作和学习的效率会自然而然地提高。这就是情感的作用。

数年前，社会上流传的“再苦不能苦孩子”，曾被一部分人所接受。自己过去吃了很多苦，现在条件好了，不能再苦孩子了。殊不知生活的安逸，养尊处优的思想正是孩子们成长的最大敌人，是埋在孩子们心中的最大隐患。因为安逸使得未经锻炼的翅膀难以博击人生的风雨。因此，在生活水平大大提高的今天，为了培养孩子在艰苦环境中的生存能力，越来越多的家长都在实施着“富家穷教”的教子方法。

近年来，要对广大儿童进行“挫折”教育的呼声越来越高。在国外也曾盛行一种“吃苦教育”。日本人非常注意培养孩子的“吃苦”意识，中小孩子每年都要定期举办“田间学校”“孤岛学校”的活动，组织中小孩子到田间、孤岛或森林“留学”，培养他们吃苦耐劳的精神和克服困难的毅力。让孩子“吃苦”，是日本重视下一代进行精神教育的一种做法。在英国寒冷的冬天，有一所中学不设暖气，让孩子只盖一条毛毯，洗澡也得用冷水，这就是刻意“苦其心志，劳其筋骨，饿其体肤”，刻意地磨炼孩子。我们要让孩子从小明白：苦难是人生的一大财富，不幸和挫折可能使人沉沦，也可能铸造一个坚强的灵魂，完善一个人充实的人生。“玉不琢，不成器”，对教育孩子来说，是千古不变的真理。现代的教育应让孩子多些磨砺，多些锻炼。

高智商男孩

独立生活能力弱的孩子往往伴有胆怯、懒惰、消极等习性，而未来社会需要的是积极进取、勇于竞争、不畏艰难的人。家长们要站在时代的高度，在开发孩子智力的同时，重视对孩子非智力素质的培养。

第十七件事　孩子早期教育，能力胜于智力

所有孩子的能力都不是从天上掉下来的，而是通过适应环境条件培养出来的。无论是出生于西方国家的，还是出生于东方国家的孩子；无论是出生于非洲国家的，还是出生于澳大利亚的孩子，他们的能力都是根据各自的国情、传统文化和风俗习惯进行培养的。一切事物的发展有其因必有其果，孩子的培养也是如此。在良好的环境里会把孩子培养成为善良的、感觉敏锐的人；而在恶劣环境里会把孩子培养成为非善良的、感觉迟钝的人。为了尽量把孩子培养成为心地善良、感觉敏锐和能力强的人，家庭日常生活应该是欢乐的、充满爱心的，这是首要的条件。创造夫妻之间互相尊重、互相帮助的

良好家庭环境乃是实施家庭教育的出发点。

1. **孩子能力培养不容忽视**

一部分知识丰富，看似“小神童”的孩子，由于自理能力、交往能力欠缺，成为适应能力最差的孩子。

某幼儿园的老师介绍，有一个叫贝贝的男孩子进入他们幼儿园近一个月，不和小朋友打招呼、做游戏。其他小朋友都做操的时候，他却一个人蹲在甬道上玩；同学们在教室里上课，高高兴兴地围成半圆，他却孤独地坐在角落里。吃饭的时候一直不肯上桌，都是父母一点一点地喂，自己从来不拿勺子。

贝贝的妈妈是一位全职母亲，把全部心思都用在了孩子身上，在生活上对孩子照顾得无微不至，孩子一个眼神，妈妈就知道儿子想要什么，根本不用孩子说话。在智能开发上，这位家长也很下功夫，给孩子讲故事、读儿歌，教孩子背古诗，孩子比同龄人“聪明”很多……但是由于长期在母亲的过度呵护下成长，贝贝不懂得如何与其他小朋友相处，也不愿意与小朋友相处，开始入园的一星期里，贝贝妈妈甚至要陪着儿子一起待在幼儿园里。

交流中贝贝妈妈认为，学前几年是孩子成长非常重要的阶段，必须打好基础，让孩子领先一步，所以她想尽办法发展孩子的智力，让孩子能有一个好的开端。在习惯养成方面，贝贝妈妈认为，穿衣、吃饭、和其他小朋友做游戏这些都是“水到渠成”的事，孩子长大后自然就会做了，所以还是应该抓紧时间，着重开发孩子的智力潜能。

从事幼教工作的专家分析，贝贝妈妈的问题反映了很多家长在早期教育方面的误区。首先，很多家长过多地注意到儿童是智力发展的重要时期，但是行为习惯的培养其实也非常重要，交往能力、表达能力、自理能力等方面的欠缺，会造成孩子能力低下。长此以往，看似小事的“不会自己吃饭”“不参与小朋友的各种活动”等，都会使孩子产生心理负担，觉得自己处处比别人差，不能融入同龄人中，渐渐失去自信心，对什么都提不起兴趣来。儿童教育中，能力培养比智力培养更应该得到重视，早期教育对孩子能力和习惯养成的培养开始得越早越好。而不少家长过早、过多地要求孩子学习各种知识，这样并不利于儿童身心的健康发展。其次，在孩子智力培养方面，家长们普遍认为开发智力要多背诵古诗、识字、学习英语、数数，这是典型的“授之以鱼”的做法，过分地强调知识灌输。有些家长把教育片面地理解为传授书本知识，他们不顾儿童心理发展的特点，硬性地给孩子规定学习任务，让儿童像孩子那样坐下来学习，剥夺了他们玩耍的时间，这对孩子的身心健康很不利。

2. 孩子需要具备的能力

孩子在儿童时所表现的能力，比智力或学习成绩更能预测他们的未来。而能力是需要培养的，对儿童而言，应着重培养以下几种能力：

(1) 判断能力

孩子由于拥有的知识不够丰富，加上逻辑思考能力不成熟，因此常常无法做出正确判断。但随着身心成长及知识增加，孩子也将拥有做出正确决定的能力。在这个过程中，经验的累积很重要，也就是孩子必须有机会练习如何做决定。但在练习的过程中一定会发生做出错误判断的情况，这些错误的经验将是孩子做出正确决定的基础。

(2) 思考能力

问题可以引发孩子对于周遭环境的好奇心，让他动脑思考。但提问的方式很重要。Yes/No类型的问句无法真正帮助孩子进行思考，最好的提问方式应该是采用开放式的问句，例如：你觉得怎样？你有没有什么办法？开放式的提问可以达到帮助孩子思考的目的。

（3）创造能力

利用特殊的日子或是想一个大家都有兴趣的主题，全家人共同设计进行一个活动，例如：说故事接龙，角色交换日等，分享全家人的创造力，也可以唤醒和开发孩子另一方面的潜能。

（4）感官能力

在孩子感官发展敏锐的阶段，需要各种感官刺激帮助其概念的发展。家长可以提供孩子各种运用感官（视觉、听觉、触觉、味觉、嗅觉）探索环境的机会，例如：引起视觉探索的图形，可供触摸的不同材质的地板或墙面，能够动手操作的各种玩具、教具及日常用具，听得到各种不同的声音刺激——丰富的感官刺激经验，是孩子发展抽象化概念重要且不可或缺的依据。

（5）专注能力

家长都期待孩子比别的孩子好，每天帮他排满课后辅导课程及才艺学习，却没有问过孩子是否有学习的意愿。主动、有意愿的学习才能让孩子发展专注力，而专注力是学习的重要条件，被威胁强迫地去上各种课程，非但对孩子没有任何帮助，还可能因不愉快的经验而影响到孩子日后的学习。

（6）决策能力

对未来的行为确定目标，并从两个以上的方案中选择一个合理的方案。这种决策能力必须从小培养。培养孩子决策能力的关键是让孩子自己做决定。儿童拥有自己独特的世界，因此，家长应尊重孩子在兴趣选择、价值判断等方面享有的权利。如果家长管束过紧、干涉过多，强迫孩子服从自己的要求，就会阻碍他的个性发展，使他的潜在能力得不到发挥，最终成为一个循规蹈矩、缺乏独立自主性的人。所以，家长要给孩子最大的信任、必要的指导和最低限度的帮助，促进孩子独立自主性的发展。例如，搬了新家，家长打算给孩子换一张彩色的儿童床，可是孩子并不喜欢彩色床，他希望家长给买木制儿童床。而木制儿童床又有多种款式，有普通的单层床、有分上下铺的双层床、有分上下铺并带有滑梯的床、有上面是床下面可放五斗屉和推拉式书桌并带梯子的床，还有上面是床下面可放五斗屉并带有滑梯的床。这些款式中买哪种更理想呢？这时如果家长给孩子机会，让他在众多的款式中学会自己选择，对于他决策能力的培养无疑是有益处的。具体做法是家长与孩子一起对每款床的功能、价格、安全性、占用空间、是否方便活动、是否便于整理等进行比较、分析、综合、判断，最终选出一个较满意款式的床。

（7）组织能力

一群孩子分成了两组，他们准备用积木进行搭塔比赛。谁把塔搭得又高、又稳、又快、又漂亮，谁就获胜。活动开始后，一组孩子急于搭塔，他们取来大小不同的积木，一个个争先恐后地往上加，眼看就要搭到塔尖了，突然，大大小小的积木散落在地上。而另一组孩子活动开始后没有急于搭塔，他们围成一圈商量，决定用大积木搭塔底，中等积木搭塔身，小积木搭塔尖。有人负责运积木，有人负责搭塔，有人负责给搭塔的伙伴递积木，有人负责保护塔，塔很快就搭成了。这个例子说明，掌握组织能力不仅有利于孩子顺利进行游戏活动，与伙伴友好相处，而且有利于他将来在组织中有效地实施领导能力。

让孩子操办活动是培养他们组织能力的最佳方式。下面看一个个案：优优过几天就满6岁了，她准备举办一个生日晚会，但她又不知道怎样组织，为此她向妈妈请教。妈妈首先帮她列了一张邀请参加生日晚会的小伙伴的名单，并根据他们的特长安排节目内容。优优算了算一共有五个小伙伴，佳佳朗诵不错，就让他当主持人并朗诵《静夜思》；童童跳舞好，让她来一个“脖子扭扭，屁股扭扭”；冉冉会唱歌，就由她领唱《生日歌》作为压轴节目；牛牛电子琴弹得不错，就由他当音乐伴奏。优优自己会讲故事，还可以为小伙伴服务，给他们倒水、切生日蛋糕。就这样，在优优的策划和组织下生日晚会进行得井然有序，优优过了一个难忘的生日。通过实践活动，孩子可以认识到每个人才能各异、秉性不同。担任每个职位的人，不一定都要选择同样精明能干的人。要想有效地实现目标，就必须懂得对人才的合理调配和组合。因此，家长应多给孩子提供机会，孩子正是在这样的实践活动中锻炼了组织能力。

高智商男孩

人们普遍认为开发智力要多背诵古诗、识字、学习英语、数数，这是典型的“授之以鱼”的做法，过分地强调知识灌输。很多人把教育片面地理解为传授书本知识，他们不顾婴幼儿心理发展的特点，硬性地给孩子规定学习任务，让婴幼儿像学生那样坐下来学习，剥夺了他们玩耍的时间，这对男孩的身心健康很不利。

第十八件事　培养孩子的责任意识

责任心是孩子健全人格的基础，是能力发展的催化剂，是一个人能够立足社会、担当重任的重要条件。孩子小时候所表现出各种主动尝试的愿望，这正是一种责任心的萌芽。如孩子自己要求独立吃饭，试穿衣服，手脏了自己洗等行为都是孩子责任心的表现。家长的责任是密切地关注他，帮助他，鼓励他，在他尝试的过程中，培养其意识，增强其自信，使他逐步成为一个对自己、社会负责的人。

孩子并不是天生具有责任心的，他是在适宜的条件和精心的培养下，随着年龄的增长和心理的发展而形成的。家庭是孩子责任心赖以滋长的土壤，父母对待孩子的态度、教育孩子的方法是他能否健康成长的重要条件。

由于年幼缺乏知识和经验，孩子经常会犯一些错误，这毫不奇怪。比如，孩子不小心打碎了物品、一时冲动伤害了别人、粗心大意造成了麻烦等。发生这些事情的时候，许多父母会这样责怪孩子："你怎么搞的？你怎么能这么做呢？可恶！"孩子挨了骂，就什么事也没有了，什么责任也不必承担，该学习就学习，该玩就玩；父母则留下来做处理，又是道歉，又是赔偿。这样做，等于剥夺了孩子履行责任的机会，孩子怎么可能有责任心？

1929年7月4日，美国国庆前夕，一个11岁的美国男孩搞到了一些被禁止燃放的烟火炮，其中包括一种威力巨大的鞭炮，叫作鱼雷。一天下午，他走近一座桥边，朝桥边的砖墙放了一个鱼雷大鞭炮。一声巨响，让男孩神采飞扬，可就在这时，警察来了，把男孩带上了警车，去了警察局。警察尽管认识这个男孩和他的父亲，依然严肃地执行烟火禁令，判定这个男孩要交14.5美元的罚金。男孩自然交不起，只好由父亲代交。如果这件事发生在中国，儿子被警察局叫去了，当爸爸的认识警察局局长，那打个电话摆平就算了，还罚什么款？让人感慨的是，这位父亲并没有去找人说情，而是替儿子交了这14.5美元。他当时没说太多的话，回到家后，他跟儿子说："这件事是你惹出来的，你必须对这件事负责任。到了16岁后，你要通过打工来还我的钱。"这个男孩就是后来的美国总统里根，他在回忆录中写道："我做了许多零工活，才还清了我欠爸爸的那笔罚金。"显然，这件事让里根懂得了什么叫责任——那就是一个人要对自己的过失负责。

但是，也有这样一位父亲，他的儿子因为打架斗殴被公安机关拘留，罚款和承担医疗费共计5000多元，而父亲没有这么多钱，怎么办呢？这位父亲东借西借，好不容易凑够了钱替儿子交了上去。然而，儿子却不思悔改，又犯了抢劫杀人罪，被判处极刑。

像里根的父亲那样，让孩子自己承担过失的责任，看起来似乎有点儿“残酷”和不近人情，其实这才是父亲深沉的爱。一般来说，当孩子有了过失的时候，恰好是家长教育孩子的最有利时机。不论孩子有什么过失，只要他有一定的能力，就应该让他承担责任，而不是由父母大包大揽。

而后一位父亲的行为不是让儿子对自己的过失负责，而是自己为儿子的过失承担了责任。从表面上看这也是一种“爱”，但是，这种“爱”却葬送了儿子，最终还是由儿子为自己的过失负了责，不过付出的是生命的代价。父亲的这种“爱”因此变成了“残酷”。可见，培养孩子的责任心十分重要，每一位家长必须认识到这一点。那么在日常生活中，家长应该怎样培养孩子的责任心呢？

1. 从培养家庭责任心入手

家庭责任心主要是指能尊重其他家庭成员的权利，自愿承担家庭义务，为自己的行为承担责任。一个具有家庭责任心的儿童，不仅能在现时的家庭生活中扮演好家庭成员的角色，在未来的生活中也有能力组织好属于自己的家庭。他的一生不仅能享受到家庭生活的充实、快乐，同时，也能创造出温馨、和睦的家庭气氛。

孩子，作为家庭的一名成员，既应该享受其权利，当然也应承担一定的家庭责任，包括承担一定数量的家务劳动。父母可通过鼓励、期望、奖惩等方式，督促孩子履行职责，培养责任心。

据有关资料显示，中国孩子每天家务劳动一两个小时，而美国孩子每天家务劳动三四个小时，如果一个孩子在家庭中的责任心难以确立，将来一旦走上社会，就很难有社会责任心。

培养孩子的家庭责任感的根源在于家长是否具有家庭责任感，还在于家长是否给孩子锻炼的机会。如果你不是一个尽职尽责的父亲或母亲，怎能对孩子进行责任心的教育呢？父亲与朋友玩麻将通宵达旦，丝毫不顾及对家人的干扰；母亲忙于在外应酬，家里一团糟，父母又有什么理由和资格去埋怨孩子不愿回家呢？

在一个专制的大人王国里，也难以培养出有家庭责任感的孩子。因为家长对孩子控制得太死，管制得大多，使孩子没有机会就某件事做出负责的行为，孩子做事只是服从，听命于大人的意见，而我们强调的责任感并不是指你的孩子按照你告诉他的方式去行事，而是他能主动发现并自主地做出反应。

只有民主的家庭，才是家庭责任感生长的最佳环境。在这样的家庭里家长和孩子相互独立，并非各行其是，漠不关心，而是彼此尊重又相互关照，孩子受到重视，家长具有威信。在讨论家庭中的责任与分工之前，父母应该想一下自己是否是一个有家庭责任感的人？自己惯用的教养态度和方式是否有利于孩子责任心的培养？在抱怨自己的孩子缺乏责任感之前，先检查一下自己是不是孩子的榜样。然后就有可能从抱怨孩子，转而反思自己。要想改变孩子，也应从改变自己开始。这是最关键的问题。

在家庭生活中如何创造或抓住机会培养孩子的责任感？关键是父母必须赋予孩子一定的责任，以便有针对性地进行教育。空洞的说教是不能培养孩子的责任心的。通过赋予孩子责任，或感受他们行为的不良后果，才能让孩子养成责任心。

2. 让孩子学会自我服务

许多父母可能觉得，孩子只要管好自己的学习，不用去理会家里的大事小事，这些事都不用孩子操心。父母把孩子的利益放在最高的位置，会导致孩子不知道在家里要承担责任，却只知道理直气壮地争取权利，这与父母只知道重视孩子，不知道重视强化孩子的责任意识有关。

有一位妈妈说："我的孩子都5岁多了，让他做点自己力所能及的事情，总不能认真做完，不是虎头蛇尾，就是马马虎虎，敷衍了事。尤其是当外面稍有动静，他就会立即放下手中的事情。平时玩的玩具、看的故事书丢了就让父母找，自己却心安理得地把责任推掉了，真拿他没办法。"其实，孩子缺乏责任心，与家长的教育有很大关系。许多父母对孩子的关怀无微不至，孩子从来不洗衣服、不刷碗，玩过的玩具随手乱放，洗脚水要让妈妈打好，上学时书包要让妈妈给背……孩子们就这样过着衣来伸手、饭来张口的生活，本来是他们应该自己做的事情全由家长代劳了，应该自己负的责任全都由家长承担了，难怪孩子们只知索取不懂付出. 缺乏应有的责任心了！

因此要培养孩子的责任心，首先就得要求家长一定要让孩子去做他力所能及的事情，让孩子学会自我负责，去承担自己应当承担的一些责任。

比如对6岁以上的孩子，要求他收拾屋子，自己叠被子，整理、修补自己的玩具和图书，收拾整齐自己用过的物品和玩具；另外，对学弹琴、绘画的孩子，父母要让孩子自己收拾琴谱、绘画工具等，养成独自保管整理用品的认真负责的习惯。

对孩子来说，自我负责是既具体又容易接受和做到的。一个孩子能学会自我负责，那他就一定会培养出责任心来。

3. 给孩子独立做事的机会

责任产生、发展的过程正是培养孩子责任心的最佳时期，培养孩子的责任心没有灵丹妙药，但却有办法可行。给孩子独立做事去承担责任的机会，是非常好的一种方法。一个人只有摆脱了依赖别人的心理才能意识到自己的责任重大，才能独立主动地承担责任。

当我们让孩子独立做事时，孩子们都会异常的兴奋，他们会小心翼翼地端碗拿筷，他们会认真地擦净桌椅。

一位妈妈曾讲了这样一个故事：我曾经给孩子5元钱，告诉孩子可以在超市里选一种他喜欢的东西。我看着他在不同的货架前穿行，不时地拿起某种商品仔细地看看，认真地询问商品的名称和口味，我知道他在比较并进行权衡。终于，孩子拿定主意，拿着他喜欢的东西去收款台交钱了。我深知孩子在挑选东西的过程中体验到了快乐、满足。

其实，孩子在独立完成某事的过程中，逐渐学会客观地认识事物，同时也客观地认识自己的需要和能力，并且逐渐意识到什么事情是他们能够把握的，什么事是他们左右不了的。

当孩子的自发性发展到一定程度时，他们在做事情的过程中，会增强自身的能力，体验到自身的价值，并学会去独自承担该承担的责任，尽自己的能力把事情做好。

高智商男孩

教育家陶行知说："我希望我的儿子要成为一个什么样的人，那我自己就该首先成为那样的人。"同样，要培养子女的责任感、事业心，首先家长就要爱岗敬业，有强烈的责任感、事业心。因为父母是孩子的第一任启蒙教师。

■第十九件事　男孩要有良好的习惯

习惯决定男孩的命运，再也没有什么比习惯养成更重要了。习惯可以影响到教育的各个方面，比如，智育是良好的思维习惯，德育是细小的行为习惯，素质教育更加体现在人的细小的行为上。大量事实证明，习惯是一种顽强的力量，它可以主宰人的一生。孩子的一切都从习惯培养开始，父母如果不注重培养孩子的良好习惯，无疑是在葬送孩子美好的未来。

1. 习惯是逐渐养成的

习惯是个大问题，是大智慧。良好习惯的养成绝非一日之功，其主要原则是：低起点，严要求，小步子，快节奏，多活动，求变化，快反馈，勤矫正。下面看一位父亲的叙述：

儿子 6 岁时，我带他到 E 村的 E 牧师家去，并在那儿小住了几天。第二天吃早点时，儿子洒了一点牛奶。按在家里的规矩，洒了东西就要受罚，为此他只能吃面包了。我儿子本来就喜欢喝牛奶，再加上 E 牧师全家非常喜欢他，为了他的到来，还给他特意调制了一种牛奶，并配上了最好的点心，这对他还是诱惑不小的。我儿子在洒掉牛奶后先是脸稍红了一下，迟疑了一会儿，但终于不喝了。我故意装作没看见。E 牧师家的人看到这种情况，实在沉不住气了，只得再三让他喝牛奶，可儿子还是不喝，并十分不好意思地说：“因为我洒了奶，所以就不能再喝了。”

E牧师家的人还是再三劝说他："没关系的，一点关系也没有，喝吧，喝吧。"我在旁边一边吃着点心，一边仍然故意装作没看见。儿子还是坚持不喝，在万般无奈之下，过于疼爱我儿子的E牧师全家就向我进攻了，他们推测一定是由于我训斥了儿子。

为了打破僵持的局面，我让儿子先出去一下，待我向牧师全家说明理由以后看看情况是否会有所变化。他们听后责怪我："对一个刚6岁的孩子，因为一点点过错就限制他喜欢喝和吃的东西，你的教育过于严苛了!"

我只得加以解释说："不，儿子并不是因为惧怕我才不喝的，而是因为他从内心里认识到这是约束自己的纪律，所以才不喝的。"在听了我的解释后，E牧师全家还是不相信，于是我只好通过做一个试验来揭示事实真相："既然这样，那么我们可以试验一下，我先离开这个房间，你们再把我儿子叫来，劝他喝，看他是否会喝。"说完，我就走开了。

待我离开房间后，他们把我儿子叫进屋里，热情地劝他喝牛奶、吃点心，但毫无效果。接着他们又换了新牛奶，拿来新点心诱惑我儿子说："我们不告诉你爸爸，你就放心地吃吧!"但儿子还是不吃，还不断地对他们说："尽管爸爸看不见，上帝却能看见，我不能做撒谎的事。"

他们接着又说："由于我们马上要去散步，你什么也不吃，途中是要挨饿的。"

儿子回答说："不要紧。"

实在没有办法了，他们只好把我叫进去，儿子流着泪水，如实地向我报告了情况。我冷静地听完后，便对他说："你对自己良心的惩罚已经够了。因为马上要去散步，为了不辜负大家的心意，把牛奶和点心吃了，然后我们好出发。"

儿子听完我的话，才高兴地把牛奶喝了。仅仅6岁的孩子就有这样的自制能力，E 牧师全家都深感不解。

这位父亲是怎样把儿子培养成具备如此强的自制力的人呢？一般人可能只觉得父亲的教育过于严格了。是的，从一般孩子的行为方式看，这种教育在某种意义上确实是很严格的。但是从另一方面来看，由于他的教育方法好，这并没有使儿子感到痛苦。因为对孩子的教育，即使很严格，但只要从小抓紧，使他们养成了习惯，也就不会感到有任何痛苦了。对孩子的教育，同砌砖一样，必须打好基础，这位父亲正是出色地做到了这一点。

在培养孩子的行为习惯方面，一条根本经验就是：是非分明、始终如一。有时答应，有时不答应，反而会给孩子带来痛苦。不允许的事，一开始就不允许，这对孩子就没有什么痛苦。所以不能以“小时候可以放宽一些，稍长大后再严格一些”这条似是而非的做法来管束儿子。综观当今大多数父母，他们的“禁律”出尔反尔，反复无常，不能始终如一。有时不行，有时却又变得行了。这样久而久之，就在孩子的心灵上打下了父母的“禁律”可以打破的烙印。所以要教育好孩子，父母必须对事物的好坏有一个始终如一的主见，无主见是教育孩子的最大禁忌。

2. 培养孩子好习惯需要技巧

按照美国科学家的研究，一个习惯的养成需要 21 天。这 21 天是个平均数，养成的习惯不一样，每一个人的认真程度不一样，刻苦程度不一样，所用的时间也肯定不一样。既然这 21 天是个平均数，那我们用一个月的概念更好记，而且更保险，所以“培养习惯重在一个月，关键在头三天”。

家庭对孩子习惯的形成担负着重要作用，但是大多数家长并不知道具体要怎样做，经常是立了规矩却无法有效实施。帮助孩子养成良好习惯要注意三点：一是家长要约束自身行为，二是对孩子的要求要切实可行，三是科学地奖励和惩罚孩子，不要羞辱和责骂。培养好习惯第一要从培养孩子的责任感开始。让孩子自己收拾书包、自己穿衣服，学会生活自理。另外，还应让孩子从小承担一部分家务，如倒垃圾、扫地等。孩子对生活有了责任感后自然就会对学习有责任感，并且懂得照顾人，会受到同学的欢迎，孩子的领导能力也就自然而然地培养出来了。第二，上课要专心听讲，提高课堂效率。鼓励孩子在学校解决问题，尽量不回家复习。同时，家长不要拿自己的孩子跟别人的孩子比，孩子年龄越小，发展的差异越大。第三，让孩子养成专心做作业的习惯。家长在孩子做作业时要尽量给孩子创造安静的环境，避免孩子分心。第四，培养孩子的好奇心。多和孩子讨论生活中的各种问题，让孩子养成观察和思考的习惯，引导他们正确看待社会现象。第五，坚持和孩子一起运动。运动有利于孩子的生长发育。第六，少让孩子参与成人活动，多与同龄人交往。同龄人之间的交往是平等、互换、互惠的。与同龄人交往能够学会妥协、付出、协商，是一个人适应社会的过程。过多参与成人活动，会导致孩子不清楚自己的位置，总是希望得到别人的关注。最后，不要让孩子养成乱花钱的毛病。经常给孩子花钱会让孩子产生错觉，认为钱来得太容易，这样孩子干什么事情就不肯努力了。

好习惯对孩子的成长至关重要，从小就要给孩子立下规矩，否则长大后会处处碰壁。

3. 及时纠正孩子的坏习惯

处于成长过程中的孩子，总会表现出一些不恰当的行为。如果父母听之任之，一旦这些不良行为习惯成自然，它们必将成为孩子成长的羁绊，正所谓“千里之堤，溃于蚁穴”。因此，专家提醒父母：不要忽视这些小小的坏习惯，赶快防患于未然，并寻求迅速制止的办法。

下面是几种不容忽视的不良行为：

(1) 打断谈话

为何不容忽视：你的孩子也许迫不及待地想要告诉你什么或问你某些问题，但是如果纵容他打断你的谈话，却不会有助于教会孩子为他人着想，更不会让他学会在你忙碌的时候如何自己打发时光。结果将会是他认为自己有权吸引别人的注意，并不能忍受任何挫败。

制止方法：下一次在你要打电话或跟朋友聊天之前，告诉孩子他要保持安静，不能打扰你。给他安排点活动或者让他玩一个他平时没玩过的玩具。如果你在谈话时，他缠着你，你可以指指椅子让他安静地坐在那儿，耐心等你谈完。之后告诉他干扰别人并不会得到他想要的。

(2) 攻击性行为

为何不容忽视：孩子和小伙伴有小冲突的时候，你可能不一定会去管教，但是你不该忽视那些小小的攻击性行为，如推倒小妹妹或掐小朋友。如果你不管的话，孩子到了 8 岁左右，这种不良行为就会积习难改了。

制止方法：正面应对攻击性行为。把孩子拉到一边告诉他："那样会伤了妹妹。如果他这样对你，你会怎样呢？"要告诉他任何伤害别人的举动都是不可以的。在下次出去玩之前，提醒他不要粗鲁霸道，帮他练习生气时该说些什么。也可以给他一点小小的惩罚，如果他再犯的话，不让他出去玩。

(3) 假装听不见你说话

为何不容忽视：收拾玩具、自己拿水喝，当你提醒孩子做些他不爱做的事，一次、两次、三次，甚至四次，他仍然像没听见一样，这时你就得重视了。因为这样下来传递的信息是漠视大人的指令无所谓。一次又一次提醒孩子等于是在训练他可以等待提示，而不需要注意你的第一次指令，如果你纵容孩子继续这种行为，你的孩子很可能会变得目中无人，并极有控制欲。

制止方法：不要在房子的另一侧跟孩子说话，走到他面前，告诉他该做什么。谈话时，让他看着你，并且回答“好的，妈妈”。轻抚他的肩膀、呼唤他的名字、关掉电视等都会有助于吸引他的注意。如果他不听话的话，告诉他后果是什么。当五岁的杰克开始“选择性听取”时，他的父母决定采取措施。他们告诉孩子，如果他非要父母反复要求他做事的话，比如说来吃饭或洗澡，那么那一天他只能看一个动画片（通常他可以看两个），或者那一周他将损失一个外出游玩的机会。如果他们不得不提醒他两次的话，一个动画片也不让看了，或两天不能出去玩。父母该努力做到不让步，否则的话，他会继续这种坏习惯的。

（4）无视规则

为何不容忽视：如果孩子能自己拿小吃，自己放DVD，当然很方便，但是有些吃的，如糖果不是可以随心所欲地吃的，也不能一整天都在家里看DVD。专家认为放任孩子不遵循规则做事情绝对不是好办法。

制止方法：制订几项家庭纪律，并经常和你的孩子谈论这个话题，比如，告诉孩子：“你得问问可不可以吃糖，因为这是规矩。”如果孩子在规定时间以外的时候打开电视，就告诉他把电视关掉。并且大声清楚地陈述规则，这将有助于让孩子铭记在心。当4岁的姗姗未经允许就拿了些图画笔玩并把她的一只胳膊整个都涂成了黄色，她的妈妈告诉她下午不能帮着画车库促销的广告牌了。虽然她哭了，但只有这样才不会让她故技重演。

（5）使小性子

为何不容忽视：你或许以为孩子在青春期前不会跟你翻白眼，或说话傲慢无理，但是傲慢的举止通常在儿童模仿大孩子以试探父母的反应时就开始了。一些家长以为这只是阶段性的，于是就置之不理，但是如果你不正面应对这一问题，你会发现孩子大概上三年级的时候会没有朋友，并无法与老师和其他成人融洽相处。

制止方法：让孩子清楚他自己的行为。例如，告诉他：“你这样翻白眼，好像是不爱听我说的话。”这并不是要让孩子感觉难为情，而是让他明白这样做可能会失去朋友的友谊和爱戴。如果他坚持不改的话，你可以不理他并走开。你可以这样说：“你如果这样和我说话的话，我听不见。当你准备好有礼貌地说话时，我才会听。”

（6）夸大事实

为何不容忽视：也许一个还不会叠被子的孩子说自己整理了床铺，或是一个甚至还没坐过飞机的小孩告诉同伴他去过迪斯尼，这些夸海口的行为似乎无关紧要，但家长一定要警惕孩子的不诚实。专家认为：“如果孩子了解到说谎可以很容易美化自己，可以避免让他做那些他不爱做的事，让他摆脱闯祸的困境，撒谎就变成很自然的事了。”

制止方法：当孩子说点小谎时，父母应坐在他身旁，直截了地当告诉他：“去迪斯尼当然很有意思，说不定我们哪天就会去的，但现在还没去过，你不该告诉小妹妹说你去过。”告诉他，如果总是扯谎的话，人们就会不相信他的话了。看看他撒谎的动机是什么，别让他的小谎话不断得逞。例如，如果他还没刷牙就说刷过了，要让他回去再刷。当5岁的潇潇开始撒谎时，她妈妈给她讲了“狼来了”的故事，撒谎的孩子在狼真来了的时候，没人相信，没人来帮她。讲故事可以有助于孩子正确看待问题，孩子会慢慢学会非常坦率。

高智商男孩

“习惯决定男孩的命运。”习惯的力量是巨大的，人一旦养成一个习惯，就会不自觉地在这个轨道上运行。如果是好习惯，则会终生受益；反之，就会在不知不觉中害你一辈子。通常我们说一个人素质不高，往往就是因为这个人有许多坏习惯。

第二十件事　培养孩子的应变能力

随机应变是孩子能力的重要体现，它是指能够随着各种环境状况的变化而相应地做出适当的调适，同时还能充分掌握自我，沉着而不失理智。培养应变能力，随时准备行动，把握机会或解决问题，可以帮助孩子变得更果断。

有一个男孩，遇到父母因急事没有回家，不知所措的他竟然在门外等候了近6小时，如果不是被邻居发现并领回家中，很可能就在门外过一晚上。事后，隔壁邻居阿姨是这样说的："幸亏我昨天晚上回来时，看见孩子坐在家门口。要不在那里坐一晚上还不冻死了……"阿姨说他回来的时候，楼道里没有灯，漆黑漆黑看不清楚，开始她没在意，上到4楼才隐约听见哭声，下去一看，原来是一个孩子坐在门口缩成一团在那里哭，问了他好几次怎么回事，他才说是爸妈不在家，他开不了门。阿姨起身一看，门上原来贴着条子，让孩子回来后去奶奶家里，可能是孩子没看见字条……

这个孩子在回家的时候，发现父母不在家，他居然只会在门口等，而不知道去邻居家，或者给亲戚打电话。如果不是邻居及时发现了她，说不定他真会在门外冻上一个晚上。现在像这样遇事不会变通，不会处理的孩子很多。为什么现在的孩子这么缺乏应变能力呢？这主要还是缺乏对这方面能力的教育、培养。由此可见，提高孩子的应变能力真的是太重要了。无独有偶，一个只有5岁大的外国小男孩，在一个大雪纷飞并且完全与外界失去通信联络的晚上，成功地帮助母亲分娩了一个男婴。假如小男孩在这种意外情况下只会哭、只会怕，后果将不可想象，但是，他能够灵活应变，具有较强的应变能力，这是需要中国父母深思的。

1. **培养孩子的应变技巧**

我国古代神童孔融 10 岁那年，他到名士李膺家做客。当时，登门拜访者都是社会名流，孔融面对众位客人友好的和不友好的甚至是恶意的问话皆对答如流，不卑不亢，深得众宾客称赞。但有一位叫陈韪的大夫却不以为然地讥讽道："小时候聪明，长大了未必也聪明!"陈韪此言一出便全场默然，人们纷纷把目光投向孔融。孔融镇静了一下立即回答："我想，先生在小时候一定很聪明吧?"孔融此言一应，语惊四座，众人不约而同拍起双手，把陈韪弄了个大红脸，半天没吱声。从此，神童孔融的名声更大了，成为众人仰慕的目标。

孔融受到轻蔑，既没有感情冲动急于为自己辩解，也没有以牙还牙，直接指责对方如此粗俗、蛮横、武断和浅薄，而是冷静地以反问作答，"反弹琵琶"地利用对方问话逻辑上的疏忽反制其人，使人感到藏而不露，引而不发，有理有节，出奇制胜。这种高超的应变语言技巧，令人拍案叫绝。

社会是复杂的，人的一生经历也是多样的。在机遇与挫折、好事与坏事的面前，如何应变，有的不仅是难堪与不难堪的问题而且还会影响到个人前途和命运。所以，家长在教育孩子成材的过程中，就一定要培养好孩子的应变能力。就像孔融巧答一样，使孩子具有高超的应变技巧。如何才能培养孩子具有非凡的应变能力呢？家长可以在日常生活中有意识地加强这方面的培养。一是培养孩子适应自身生理或心理变化的能力，如身体的某个部位不舒服能及时告诉成人；心里有烦恼时，知道向父母或知心伙伴倾诉。二是培养孩子适应周围环境变化的能力。比如，应该知道早晚气温不同，应该注意保暖；应该知道出门要带什么东西；应该知道不同的地方可能会发生什么情况等。三是培养孩子对突如其来事件的应变能力。如遇到突然停电时，怎样去点蜡烛、开手电筒；遇到陌生人问路，应该怎样避免被骗；遇到煤气泄漏怎样去控制；着火了知道用灭火器灭火，迅速转移易燃品等。四是培养孩子对不同事物做出不同反应的能力。如要相信他人，但是对于陌生人，或者心存不良的人又要采取提防的心理；如果父母生病了应该怎么办，老人生病了应该怎么办，等等。这些都要教孩子去判断。只有培养孩子具有较强的应变能力，遭到任何紧急情况才会将损失降到最低限度，争取到最好的结果。

2. 给孩子出一个"难"题

"宇华！"看到宇华已经趴在那儿一个多小时了，爸爸就开始喊。"嗯。"宇华答应着，但没有抬头。"宇华……"爸爸走过去拍拍她的头。

"嗯？"宇华抬起头来，看看她的爸爸，"什么事？"

"能不能帮爸爸去买一瓶醋啊？""可我在做作业呀。"宇华为难地说。"妈妈正在做饭，急着用呢！"爸爸故意显出很为难的样子。"哦。"宇华只好合上了书，"那好吧！""胡同口的那个'旺财小卖部'就有。别忘了，快一点，妈妈正等着用呢！""好的。"宇华答应着，出了门。不一会儿，宇华就回来了，但空着手。"咦？"爸爸奇怪地问，"怎么没买啊？""那个小卖部的醋卖完了！"宇华说。"那旁边的'老王利民店'也卖完了？""我没去，你让我到'旺财小卖部'的……"宇华支支吾吾地说。"醋呢？"妈妈在厨房里喊，"快点，要不就来不及了！""我……"宇华低下了头。

那天晚上，全家吃了一顿没有加醋的"糖醋鱼"，全家默默地吃着，谁也没有说话。宇华一句话不说，低着头，不停地往嘴里扒着米饭。"嗯。"爸爸故意夹了一大块鱼，放在嘴里津津有味地嚼着，"你还别说，没有加醋的糖醋鱼，味道还挺好的呢!”全家人都笑了起来，宇华脸红了。其实大家都不知道，爸爸现在正偷着乐呢。原来他下班经过‘旺财小卖部’的时候，想起家里该买醋了，就进去看一看，可惜醋已经卖完了。他平常都是来这个店买醋的，这回醋卖光了，一时间他竟然也有点不知该怎么办好了。当然，他立刻就为这个习惯发笑，心想自己头脑怎么这么死，就又跑到旁边的‘老王利民店’看了看，有倒是有，可就在掏钱的时候，爸爸忽然想出了一个主意：让宇华来试试，看看她能不能随机应变一下。

高智商男孩

社会是复杂的，人的一生经历也是多样的。在机遇与挫折、好事与坏事的面前，如何应变，有的不仅是难堪与不难堪，而且还会影响到前途甚至生命，并连带影响到家人及朋邻。所以，男孩在成长的过程中，就一定要注重应变能力。

第五章

高智商是可以吃出来的

美国的科学人员曾对纽约803所小学的一万名资质普通的学生进行了试验，探讨饮食习惯与智商之间的联系。他们发现，学校在规定食堂不准售卖含附加糖分的食物并规定学生不准带含有附加糖分的便当到学校后，学生的课业成绩和考试成绩都显著进步了。后来，科学家们又禁止这群学生吃含有色素和高脂肪（超过30%）的食物。几个月后，学生的学业成绩再次出现骄人的表现。后来英国和以色列等国的科学家进行了类似的试验。他们发现，儿童在改变饮食习惯（不吃含附加糖分、含色素和高脂肪的食物）后的6个月，智商可增加1至25点……

■第二十一件事　多吃健脑食品利于成长

孩子是父母血脉的延续和希望支柱。每位父母都希望自己的孩子身体健康，聪明伶俐。所以，在知识经济爆炸的时代，越来越多的孩子在很小的时候就被父母送到早教机构，接受各种形式的培训和学习，他们就是想通过这些途径提高孩子的智能开发，让孩子更聪明。通常在孩子聚集的地方，我们就能看到年轻的父母们谈论更多的话题：自己的宝宝通过什么方式，学到了什么样的新东西。我们能够理解父母为孩子所做的这一切，他们只是希望孩子有一个美好的将来，在未来竞争激烈的社会中能够立于不败之地，但这一切都只是为孩子做的后天教育巩固。怎样能让孩子在先天发育上占据优势，成为当今社会想要孕育高智商孩子的父母们首要关心的问题。健脑食品可以给众多的父母带来一些惊喜。简单地说，健脑食品就是有益于大脑的食品。儿童食用健脑食品应做到科学、合理，尽量给孩子食用大量的天然野生动植物，它们富含大量保持着自然状态的矿物质、维生素、蛋白质等成分。少吃在非自然条件下栽培与饲养的动植物加工食品。因为加工食品破坏了食物所含的有效成分，降低了营养价值。

1. 儿童大脑需要的营养成分

6岁以前是宝宝脑发育最为重要的黄金时期，也是宝宝智商发育的不可逆期。在这个时期全面、足量、安全地为宝宝大脑提供脑营养元素是宝宝聪明的重要因素所在。合理的营养对儿童智力提高的效果较为显著，科学研究表明：大脑功能的优劣在很大程度上取决于大脑的物质基础，而大脑的物质基础在很大程度上又取决于饮食中的营养成分。那么大脑的“最爱”有哪些呢？

（1）脂肪是健脑的首要物质

脂肪在发挥脑的复杂、精巧功能方面具有重要作用。给脑提供优良丰富的脂肪，可促进脑细胞发育和神经纤维髓鞘的形成，并保证它们的良好功能。最佳食物有芝麻、核桃仁、自然状态下饲养的动物及其他产品和坚果类等。

（2）维生素是健脑的必要物质

大脑是离不开维生素和某些微量元素的帮助的，因为维生素是大脑营养物质分解酶的主要物质。最常见的菠菜名列榜首。据测定，100克菠菜中含有维生素A2600个国际单位，B族维生素、维生素C的含量也十分丰富。胡萝也是很好的健脑蔬菜。在进行脑力劳动时，酸性物质代谢所产生的物质会在体内聚积而引起大脑疲劳，消除这种疲劳的食品最好是水果，水果属碱性食品，可以有效地中和大脑中的酸性物质，如橘子、柚、柑、橙、柠檬、菠萝、葡萄等。

（3）蛋白质是智力活动的物质基础

蛋白质是控制脑细胞的兴奋与抑制过程的主要物质，在记忆、语言、思考和运动、神经传导等方面都有重要作用。最佳食物有瘦肉、鸡蛋、豆制品和鱼贝类等。

（4）糖是大脑最喜欢的营养物质

在传统的蛋白质、脂肪和糖类三种营养素中，葡萄糖是大脑唯一可以直接利用的能源。我们知道，大脑的“偏食”并不是它格外“挑剔”，而是因为只有糖才能顺利透过脑屏障进入脑组织被脑细胞利用。大脑的工作效率是很惊人的，而它消耗的能量也大得令人吃惊，只有体重的2%的大脑，却要消耗人体20％的能量，而这些能量主要来源是葡萄糖。但是大脑本身含糖量却很少，因此血液中葡萄糖含量的高低对大脑能量的供给有很大的影响。应该注意的是，如果空腹的时候大量吃糖，就会使血液中的糖分很快升高，因而引发高血糖昏迷，反而不利于大脑的健康。

（5）碳水化合物是脑活动的能量来源

碳水化合物在体内分解为葡萄糖后，即成为脑的重要能源。食物中主要的碳水化合物含量已可以基本满足机体的需要。最佳食物有杂粮、糙米和糕点等。

2. 满足孩子大脑营养的食物

（1）鸡蛋

鸡蛋的营养是很充足的，一个受过精的鸡蛋，在温度、湿度合适的条件下，不需要从外界补充任何营养就可以孵出一只小鸡。鸡蛋中所含的蛋白质是天然食物中最优良的蛋白质之一，它富含人体所需要的氨基酸，而蛋黄除了富含卵磷脂外，还含有丰富的钙、磷、铁以及维生素A、B、D等，宜于大脑的成长和发育。因此，每天可吃一个到两个鸡蛋来补充营养。

（2）豆类制品

大豆的营养非常丰富，富含植物性蛋白质、脂肪、B族维生素和钙、磷、铁等多种微量元素。因此有人把黄豆的制品称为植物肉。

除此之外，黄豆制成的豆腐内含有丰富的卵磷脂。大豆卵磷脂是从大豆中提取的精华物质，是人体需要的脂类成分之一。卵磷脂能使大脑兴奋、清醒，并且能够改善人们的记忆力，提高思维、反应、联想力。卵磷脂能使血管畅通，让血液顺利地携带着丰富的营养源源不断地供给大脑。这是其他植物性食物所不能比拟的。因此，科学家们称大豆当中的卵磷脂为“智慧之花”。

（3）动物脑髓

民间有一个说法：吃什么，补什么。当然不能把这句话绝对化，否则人吃动物的尾巴就没有“补处”了。这是玩笑似的说法。从营养学的角度讲吃动物的脑髓对人脑的确是有好处的：动物脑大都含有丰富的卵磷脂，尤其是鱼脑中含量更高。鱼脑中含有一种不饱和脂肪酸，就是所谓的“脑黄金”。这些物质都是大脑必不可少的营养成分，对大脑细胞，尤其是脑神经传导和触突的生长发育有着极其重要的作用。经常吃鱼，尤其是鱼脑，大脑的功能就会得到改善。

（4）核桃和芝麻

在日本，营养学家饭野节夫曾经大力倡导学龄儿童每天吃2～3个核桃。他研究发现，每天吃2～3个核桃，可以帮助那些焦躁不安、少气无力、厌恶学习或反应迟钝的孩子恢复正常的神经功能。经过试验，这种方法得到很多家长的认可，取得了很好的效果。

现代研究发现，核桃和芝麻这两种物质营养非常丰富，特别是不饱和脂肪酸含量很高。因此，常吃它们，可为大脑提供充足的亚油酸、亚麻酸等分子较小的不饱和脂肪酸，以排除血管中的杂质，提高脑的功能。另外，核桃中含有大量的维生素，利于消除大脑疲劳。

（5）水果

菠萝中富含维生素C和重要的微量元素锰，对提高人的记忆力很有帮助；柠檬可提高人的接受能力，因此孩子在上课之前最好喝一杯柠檬汁；香蕉可以使人精力充沛、注意力集中，并能提高人的创造能力，香蕉含有可使神经“坚强”的色氨酸，有了色氨酸，任何压力都无法使你失去心理平衡，色氨酸还能帮助形成一种叫作“满足激素”的血清素，这是一种神经介质，它能预防抑郁症的发生，使人获得幸福感。

高智商男孩

健脑食品通常是指对人类脑部起到保养作用的食品。人脑的主要成分是蛋白质、脂类（主要是卵磷脂）及维生素 B1、尼克酸等。所以膳食营养除了满足大脑需要的热量以外，还要特别注意以上营养物质的充足供应。这样才能成为高智商男孩。

第二十二件事　重视对孩子微量元素的补充

科学证明，微量元素是儿童健康成长不可缺少的。忽视微量元素的补充会影响孩子的智力和健康。微量元素对于大脑也有重要作用。那么什么叫作微量元素呢？凡是人体内质量低于身体质量万分之一的元素，就叫作微量元素。那么人里面的微量元素有多少呢？

它们虽然在种类上有铁、铜、锌、碘、氟、锰等十几种之多，但是这些元素的质量加起来总共也只有一块巧克力那么多。别看它们在人体内的含量如此微不足道，但对于人的生长发育，甚至生命的维持都起着重要的作用。近年来，医学专家对微量元素的研究有了很大的进展，一些微量元素对大脑健康的必要性，已逐渐为人们所了解：

1. 碘是组成甲状腺素的组成部分，缺碘会因甲状腺功能低下而烦躁不安，对什么东西都没有兴趣，因而智力下降，海带与紫菜中含碘量较高，没有这些食品的地方，要坚持服用碘盐。

碘不仅是人体内制造甲状腺素的主要原料，更是保证智力正常发展的重要元素。如果供给孩子的碘不足，就会影响大脑的发育，出生以后，就会出现各种症状，如脖子增粗等，严重的还会得呆小病，使孩子身材矮小，皮肤粗糙等。研究发现，如果严重缺碘，儿童会出现智力发育迟缓的现象。但是在日常生活中，由于人们不知道碘在高温烹饪过程中会被破坏，往往导致碘的缺乏，加之中国人的饮食习惯多为熟食，很少用餐桌盐，而是在炒菜之前放盐，这样使碘被破坏的机会增多。因此，为了身体健康，家长平时应该有意识地多给孩子吃海产品和蔬菜水果。不过值得注意的是，缺了碘不行，补过量同样也会诱发疾病，如果想通过药物补碘，一定要在医生的指导下进行。

2. 锌会影响到大脑神经的生长发育，如果儿童在他们的身体生长发育时期，体内微量元素锌的水平低下会造成大脑的总容量大大降低，大脑的沟纹变浅，变得平滑，并会导致以下现象发生：脑神经传导信号减慢，大脑对外界反应表现迟钝，导致孩子们上课反应能力差，思想不集中，学习效率降低，同时记忆和信息的储存功能都要大大地减弱，记忆力减退，解决问题的能力下降，最终导致孩子们智力降低。

补充微量元素锌以后，可使大脑反应灵敏增高，精力集中，思维敏捷，反应快，同时记忆和信息的储存功能在增加和增强，增加了智力，提高了智商，使孩子们更聪明。食物中以虾皮、紫菜、鱼粉等含锌量最高，猪肝、芝麻、黄豆次之，所以家长在给孩子的饮食中应该添加这一类食物，并且克服孩子偏食、挑食的不良习惯，否则，照样有发生缺锌的可能。虽然锌这种元素对大脑的健康非常重要，但是医学专家们并不提倡人们通过药物补充锌，因为这样会导致体内含锌量太高，会引起严重的痢疾、恶心、呕吐，甚至导致动脉硬化。

3. 铜主要存在于人体的脑、心、肾等器官里面，铜的含量虽不多，但它参与人体内三十余种酶的合成，因此人们如果长期腹泻和营养不良，体内就会缺乏铜，其主要表现是贫血，甚至可能出现厌食。动物性食物含铜量高，尤其是牡蛎的体内含量较高，所以只要给孩子经常吃动物的肝、肉类、鱼类等食物，缺乏铜的可能性就很小。

4. 钙是保证脑持续工作的物质，是人体内含量最多的矿物元素，主要分布于骨骼中，占99%；分布于血液、肌肉、肝、肾、脑组织中的钙虽然只占1%，但其生理功能是巨大的，如呼吸、心跳、肌肉收缩、神经活动、记忆与思维、激素分泌、生化代谢等生命活动都必须有钙的参与。钙可保持血液呈弱碱性的正常状态，防止人陷入酸性易疲劳体质。充足的钙可促进骨骼和牙齿的发育并抑制神经的异常兴奋。钙严重不足可导致性情暴躁、多动、抗病力下降、注意力不集中、智力发育迟缓甚至弱智。含钙的最佳食物有牛奶、海带、骨汤、小鱼类、紫菜、野菜、豆制品、虾皮和果类等。

5. 铁是红细胞中血红蛋白的重要成分，血红蛋白是运输和交换氧气的必要工具，人体中如果缺少铁，就会使血红蛋白的制造发生困难，不仅可引起贫血，而且血液运载氧气的能力也会丧失。儿童每天铁的需要量约为1毫克，下面是几种适合补铁的食物：

（1）动物肝脏：肝脏富含各种营养素，是预防缺铁性贫血的首选食品。每100克猪肝含铁25毫克，而且也较容易被人体吸收。肝脏可加工成各种形式的儿童食品，如肝泥就便于婴儿食用。

（2）各种瘦肉：虽然瘦肉里含铁量不太高，但铁的利用率却与猪肝差不多，而且购买、加工容易，小孩也喜欢吃。

（3）鸡蛋黄：每100克鸡蛋黄含铁7毫克，尽管铁吸收率只有3%，但鸡蛋原料易得，食用保存方便，而且还富含其他营养素，所以不失为一种较好的补铁食品。

(4) 动物血液：猪血、鸡血、鸭血等动物血液里铁的利用率为12%，如果注意清洁卫生，加工成血豆腐，对于预防儿童缺铁性贫血，倒是一种价廉方便的食品。

(5) 黄豆及其制品：每100克的黄豆及黄豆粉中含铁11毫克，人体吸收率为7%，远较米、面中的铁吸收率高。

(6) 芝麻酱：芝麻酱富含各种营养素，是一种极好的儿童营养食品。每100克芝麻酱含铁58毫克，同时还含有丰富的钙、磷、蛋白质和脂肪，添加在儿童食品中，深受孩子欢迎。

(7) 绿叶蔬菜：虽然植物性食品中铁的吸收率不高，但儿童每天都要吃它，所以蔬菜也是补充铁的一个重要来源。

(8) 木耳和蘑菇：木耳和蘑菇中铁的含量很高，尤其是木耳，自古以来，人们就把它作为补血佳品，此外海带、紫菜等水产品也是较好的预防和治疗儿童缺铁性贫血的食品。

6. 锰在健康人的体内含有12～20毫克，主要集中在脑、肾和肝中，特别是脑垂体的含量最丰富。如果缺锰，可造成儿童智力低下。儿童对锰的需要量约为0.2～0.3毫克/公斤。如发生锰的缺乏，应多吃水果、蔬菜和粗粮。

高智商男孩

微量元素在孩子成长过程中扮演着重要角色。它们不但影响着男孩的发育和智力，而且微量元素如果不均衡，男孩可能会出现免疫力差、多动等各种症状。

■第二十三件事　饮食习惯影响男孩智商

如果你想让男孩拥有一个健康而聪明的大脑，“饮食不是万能的，但没有饮食万万不行”。道理何在呢？因为饮食所提供的营养物质，既是构成大脑的“部件”，又是大脑这个自然界中最神秘而复杂的“机器”所不可缺少的燃料。这是为什么呢？因为大脑是人体的“总指挥部”，是人体中最复杂的器官，它在构成上一半是脂肪，三分之一是蛋白质以及许多其他成分，而且这些物质中没有一个原子不是来自我们所吃的食物。大脑是人体内活力最旺盛的器官，它需要有充足而优质的能量来维持其活动。研究表明，它的重量虽然仅占人体的2%，但所耗能量却占全身的20%。因此，如果缺乏科学的饮食习惯，营养物质供应不足，就会造成脑细胞发育不良，将严重影响智商。

1. 轻视早餐有损大脑

人们经常说：“早餐要好、午餐要饱、晚餐要少。”可见早餐的质量是非常重要的。许多儿童往往有这样的经验：如果早餐吃得好，在课堂上就会思维敏捷，注意力高度集中，而早餐吃得不好的时候，往往会精力下降，情绪低落。美国科学家发现，在其他条件相同的情况下，吃高蛋白早餐的学生成绩优于吃素食早餐者，而不吃早餐的学生学习成绩更差。但是由于早上时间最为紧张，许多孩子来不及吃早餐。而上午又是功课最多的时候，大脑需要的能量得不到供应，长期下去，会影响功课和大脑的发育。这不但会影响他们正常的学习，而且还可能引起多种疾病。科学研究表明早餐的质量与智力发展的关系是非常密切的：如果不吃早餐，身体内部的血糖就会满足不了正常的能量供给，大脑的营养就会不足，时间久了，大脑就会受到伤害。

因此大脑营养学家告诫人们千万不能忽视早餐。他们还建议儿童的早餐最好选择鲜牛奶，因为它不仅含有优质的蛋白质，而且还含有大脑发育所必需的卵磷脂。大脑营养学家说，科学的早餐应以低脂低糖为主，选择猪瘦肉、禽肉、蔬菜、水果或果汁、低脂奶粉等含有丰富蛋白质、维生素及微量元素的食物，再补充谷物、面食为妥。因为早餐既要能提供足够的热量，又要能活跃大脑功能。他们还建议最好在早餐里搭配一些新鲜蔬菜，早餐应占全天总热能的25%～30%，能量来源比例是：蛋白质提供的能量占总能量的11%～15%，脂肪应占20%～30%，碳水化合物应占55%～65%，但是早餐中不宜有蛋黄、煎炸类高脂肪食物，因为这类食物中脂肪和胆固醇过多，消化时间长，可使血液过久地积于腹部，造成脑部供血量减少，因而导致脑细胞缺氧，造成思维迟钝。

2. **饮食不是越精越好**

随着人们生活水平的不断提高，父母给孩子们的“食谱”不但丰富多彩，而且“档次”还不断攀升。随着生活水平的不断提高，今天儿童们的饮食真是越来越“精”了，甚至到了“鸡鸭鱼鹅乌龟王八齐上桌”的地步。不吃肉是不好的，但是如果吃多了更不好。因此，上档次不一定是好事，大脑科学家和营养学家警告我们：当心吃坏大脑！这绝不是耸人听闻！有句俗语说“病从口入”，虽然指的是吃了肮脏的带有细菌的东西会让人生病。但是很多父母不知道的是，即使清洁卫生的食品可能也会让人“病从口入”，如果吃得不对路，就会伤害孩子们的大脑。如下面的几种食物，长期过量食用就会引起大脑的不安，严重的还会损害他们的智力。

（1）肉类

我们经常吃的肉类，例如鸡肉和猪肉，属于酸性食品，而人体却是处于微碱性状态，如果经常偏食这些肉类，就会使身体趋向酸性，导致大脑迟钝。很多儿童的膳食中肉食的比例很高，所以会影响智力的发展。

（2）奶油

我们常给孩子吃的生日蛋糕中就有大量的奶油。其实奶油就是一种脂肪块，这种脂肪很容易滞留在人类的血管壁上，从而妨碍血液流动。在人的大脑中有为数众多的毛细血管，大脑就是通过这些毛细血管向大脑细胞输送营养成分的。如果奶油里面的脂肪块引起大脑毛细血管不畅通，大脑就会缺乏营养物质，其正常发育就会受到影响。

3. **甜饮料伤害大脑**

每当人们感到口渴的时候，就是因为体内血液中的水分不足，血液变浓了的缘故。这时候补充适当的水分是必要的。于是很多孩子就选择各种各样的可乐和果汁等饮料。然而由于这类饮料所含的糖分较多，过多地喝了这些饮料以后，血糖会增高，人们的饥饿感会下降而产生厌食，有时还会引起胃肠不适和腹泻。有的饮料中添加了大量的钠盐、糖精、香精、色素、兴奋剂，这不但增加人们肾脏的负担，还会损害肝脏。在各种夏季消渴的饮料中，可乐往往是很多孩子的首选。但是应该引起注意的是，这种饮料当中就含有一些不利于大脑的物质。

众所周知，这类饮料通常装在铝合金制作的易拉罐中。有关检测资料表明，这种包装使饮料中的铝含量比普通瓶装饮料高出3.6倍。如果人们的身体中铝的摄入过多，会造成智力低下，行为异常。所以医学专家建议最好喝白开水。不过喝白开水也要适量。在这方面一度存在认识上的误区，人们以为大量饮水可以把体内的杂质清除干净，因此饮水健康法盛行一时。的确，水进入血液之后会增进全身的血液循环，在一定程度上促进新陈代谢。但是研究表明，在夏季炎热的日子里，如果人们一下子喝了过多的水，他们的血液就会被冲淡。而血液的浓度一般和体液的浓度相同或者略高一些，如果血液被水冲淡，它向大脑细胞输送的氧气就会不足。由于大脑细胞氧气交换不能正常进行，活动会变得迟钝，大脑的功能就会减弱。因此医学专家建议通过喝汤来取代饮料和开水。因为各种汤类不仅能补充体液，还能滋润胃肠，帮助消化，促进食欲，且有一定的食疗作用。

高智商男孩

随着人们对健康的关注，食物的营养高低越来越受重视，但大部分人关心的往往是某种单一的食物有什么营养，而忽略了吃饭方式是否健康。所以保持良好的饮食习惯对男孩成长有重要意义。

第二十四件事　全面认识素食与智商的关系

科学家们在8170名参与实验的志愿者身上发现了一个非常有趣的现象：经常吃肉有可能会导致人的智商下降。研究还发现，大多素食者都是女性，而且受过良好的教育，社会地位也比较高。肉类爱好者的智商只比幼年平均提高了15%，而素食者平均提高了38%，差异非常明显。

研究人员表示，如果把受调查者的社会背景和教育水平考虑进来，智商和饮食习惯之间的关系更加明显。还有许多证据显示，喜爱素食的人患心脏疾病的概率也非常低；少吃肉食的人，血压会逐渐降低。这项新的研究向人们解释了为什么高智商的人得心脏病的概率反而小。对于喜爱吃肉的人们，科学家建议，最起码每天摄取一些蔬果，对健康、对智商都有巨大益处。

因为大多数蔬菜水果中都不仅仅含有多种维生素，还含有很多碱性物质。这些碱性物质对改善大脑功能有一定作用。豆腐、豌豆、油菜、芹菜、莲藕、牛奶、白菜、卷心菜、萝卜、土豆、葡萄等都属碱性食物。

1. 高智商儿童爱吃素

英国南安普敦大学研究人员的一份调查报告显示，高智商儿童成年后更有可能成为素食主义者。为研究智商与素食的关系，南安普敦大学研究人员对 8000 多名 1970 年出生的志愿者跟踪调查 20 年。志愿者们 10 岁时接受智商测试，30 岁时接受饮食结构调查。结果显示，其中 366 人即接近 5%的人称自己是素食主义者；不过，其中有三分之一的人也吃鸡肉和鱼肉，但从不吃猪肉、牛肉之类的红肉。这个比例与社会总人口中素食人群的比例基本一致。在这些素食主义者中，典型的成年素食主义者在儿童时期的智商大约为 105，比经常食肉者的智商高 5。然而，那些不吃乳制品的素食主义者 10 岁时的平均智商却只有 95。至于纯粹素食主义者与那些肉类中只吃鸡肉和鱼肉的素食主义者相比，智商基本没有差别。同时在另一项测试中，也证明了素食主义者在智商方面的优势。英国广播公司举行的一场智力竞赛中，一组素食选手最终击败其他 6 组分别由学生、足球队员等群体组成的选手队伍，显示他们是总智商最高的选手。与这一现象相关，研究结果显示，儿童时期表现聪明的人群，成年后往往偏爱素食，甚至成为素食主义者。研究人员说，素食主义者更注意自己的饮食。但是，研究参与者之一凯瑟琳·盖尔博士则认为，素食主义者也可能是从保护动物或保持健康角度考虑，偏爱素食。而进一步分析显示，素食主义者更容易获得学历，更能胜任高强度的工作。“我们的研究表明，聪明的儿童成年后更容易成为素食主义者。”盖尔说，但他同时承认，不排除素食主义者的饮食结构能反过来增强认知能力的可能。因为，摄取足够的蔬菜、水果和全麦食品可增强大脑功能。

葛烈格里·史密斯是美国有名的神童，在13岁时即以多项优异成绩从大学毕业，曾经在弗吉尼亚州大学攻读四个博士学位。他于9岁时创立国际青少年策进会，这个促进和平与非暴力的组织，至今已获四次提名角逐诺贝尔和平奖，并曾与多位国家总统（包括美国克林顿总统）、诺贝尔奖得主及其它领袖会面，而且曾出席联合国安全理事会，是基督教儿童福利基金会在联合国儿童权利特别会议的代表。葛烈格里虽然出生于吃肉的家庭，但在他两岁时，他就很懂事地决心吃素，并于后来说服父母跟他一起吃素。他解释自己决心吃素的理由时表示：我选择吃素有许多理由，最重要的是，它是健康生活的选择。如果全世界的人都吃素，或至少减少为每个月吃肉两次，那我们就有足够的粮食供应全世界，并解决饥荒和营养不良的问题。如今科学研究已经证明，在一个成功的教育过程中，营养与健康是不可或缺的要素。这位优秀的青年决心奉行素食，并帮助人类，他所展现的品格深度远超过他的年龄，而且他的成就印证了素食很有益，而且是攸关一生的明智决定。正如另一位伟大的素食天才爱因斯坦所言：我认为素食对人类性格的改变，会对人类带来有益的影响。

2. 素食的优点及不足

（1）优点

①清洁肠胃

人体结构更接近食草动物。人的大肠、小肠都比食肉动物要长得多，肉类的纤维少、营养浓缩，在肠道中过久会产生毒素，还会引起疾病。而素食（包括蔬菜、水果、薯类）能起到清洁肠胃的功能。

②使人的体液呈碱性

健康的体液呈弱碱性。鱼、肉、蛋、甜食、酒、油均属酸性食物；蔬菜、水果、海藻、五谷大多是碱性的。有研究表明，儿童在体液呈碱性的状态下智商较高，所以，素食可能对宝宝的智力产生良好的影响。

③素食蛋白质含量不低于肉类

有人担心素食含蛋白质不够，其实，大豆的蛋白质含量接近牛肉的两倍，毛豆与猪肉中蛋白质的含量基本相当，绿豆、豌豆、蚕豆中的蛋白质都高于鱼、虾、鸡、鸭、牛肉、猪肉和羊肉。

（2）不足

素食对人的身体发育有益但全素食对宝宝生长发育也有“负面影响”。有些父母自己吃素，让宝宝也吃素。宝宝吃素，虽对预防成年后的高血压、高血脂、血管硬化等起着一定的积极作用，但对生长发育的“负面影响”也不少。

①锌、钙、铁等微量元素在荤食中较多，长期吃素，这些儿童生长发育急需的营养物质就可能严重缺乏。

②宝宝大脑发育迅速，需要摄入大量的营养物质，如果不吃荤食，往往需要摄入大量素食来提供，而宝宝胃口小，难以摄入足够的量，长此以往，势必因营养不足而影响智力发育。

荤菜是宝宝餐桌上的重要角色，荤食在供给能量、促进脑发育、促进脂溶性维生素的吸收与利用方面功不可没，它含有的多种不饱和脂肪酸，是宝宝体格和智能发育的“黄金物质”，所以父母在让孩子吃素的情况下也要鼓励宝宝吃些奶油、畜肉、鱼、禽肉等。

高智商男孩

人脑体液的酸碱度与智商有关系。在体液酸碱性允许的范围内，酸性时，人的智商低；碱性时，人的智商高。科学家对42名6岁到13岁的男孩进行观察时发现，大脑中的体液pH值大于7.0者比小于7.0者的智商高一倍。在食物中pH值大于7.0即碱性食物，主要是蔬果类。而肉类则基本都属酸性。

■第二十五件事　让饮食改善孩子记忆力

饮食不仅是维持生命的必需品，而且在大脑正常运转中也发挥着十分重要的作用。有些食物有助于发展人的智力，使人的思维更加敏捷，精力更为集中，提高记忆力。营养保健专家研究发现，一些有助于补脑健智的食品，并非昂贵难觅，而恰恰是廉价又普通之物，日常生活随处可见。让孩子既能充分品尝食物的美味，又能锻炼大脑活性，可谓一举两得。

1. 不良饮食习惯及环境污染损害记忆力

人体有一种叫自由基的物质，它能异化脱氧核糖核酸（DNA），通过脱氧对大脑产生损伤，如记忆力下降等。

（1）环境污染使得自由基到处可见

如烟雾、食物化学添加剂、香烟产生的烟、汽车废气和人造不饱和脂肪代用品（如人造奶油、催化加氧植物油、不含乳制品的奶油、多数瓶装沙拉调料，以及质量低劣的食用油）。一吃进这样的产品（加工过的食品、饭店及快餐店食品），它们就在人体中形成自由基。用这样的油高温加工食品（如炸薯条），会使其氧化速度加快，释放更多的自由基。而大部分自由基都会进入大脑，大脑是人体最容易受到自由基攻击的部位。因此，改掉不良饮食习惯，抵制由于污染带来的对大脑的损害，是需要家长们特别关注的。

（2）高脂肪食品

加拿大科学家的一项研究发现，高脂肪饮食可能会损害记忆及注意力集中能力。实验证明，吃高脂肪食物的老鼠，在记忆及注意力集中能力方面，都明显减弱。经过 3 个月后，老鼠学习注意力及记忆力会出现各种严重功能障碍。

（3）电磁污染

日常环境中的电磁污染都可引起思维混乱、记忆模糊、抑郁和脑功能受损，如空调、电视、电脑。美国科学家测试发现，当向被测试者释放一种家电很普通的微弱电磁场时，他们的短时记忆下降了，所以父母应该尽量控制孩子和这些电器的接触时间，以免损伤记忆力。

（4）暴饮暴食

过饱使身体和脑神经都处于疲劳状态，所以会“饱乏”，长期过饱影响孩子智力发育。

（5）狼吞虎咽和食不厌精

食物一精，就变得细腻、柔软、口感好，便于咀嚼和吞咽。然而，专门吃柔软的食物对大脑并无好处。有位营养学家将一只小猴的左牙齿全部拔掉，保留右边牙齿。半年后，小猴牙齿健在的右边大脑发育正常，而缺了牙齿的左边大脑却已萎缩。这个实验证明，大脑若不加以刺激就会退化、萎缩。当人咀嚼硬物或咀嚼速度加快时，大脑的血流量明显增多，良好的咀嚼功能可以保证大脑的供血，保持大脑的正常思维活动。因此，在餐桌上最好配备一些比较硬的食物，别让孩子的牙床太轻松，这样才有利于激活幼儿的脑细胞，防止它“懒惰”。对于那些牙齿还不太健全的幼小儿童，或者吃起饭来狼吞虎咽来不及嚼烂就一口吞下的儿童，父母和老师应该教育他们细嚼慢咽，有意识地增加咀嚼的力度，或嚼口香糖，也可以达到健脑的目的。

2. **合理早餐**

(1) 重视早餐的作用

美国科学家对马萨诸塞州1000多名小学生的一项研究表明，凡是用科学合理的早餐开始一天的孩子，在标准的学业考试中均成绩优秀，上课迟到或旷课的现象很少。由于不重视，很多孩子早餐吃得很不科学。有的为“随意型”，食物大多是前一天的剩饭，有什么吃什么，数量和营养都不能保证需要。有的是“唯蛋白质型”，只有一杯牛奶或者一个煎的鸡蛋，很少甚至完全没有糖类，吃这类早餐的孩子整个上午血糖都处于相对稳定的低水平，难以进行快速思维，记忆力也较差。还有“唯碳水化合物型”，只吃馒头、稀饭，缺少蛋白质。这类儿童刚开始时血糖水平较高，思维活跃，精力充沛，但随之血糖水平下降迅速，会造成思维和记忆力的持续下降。

(2) 合理纳入适量蔬菜

研究表明，早餐纳入适量的蔬菜，对于孩子的生长发育有极大的好处。现在，很多家庭早餐桌上出现最多的不外乎是奶制品、鸡蛋、豆浆、稀饭、面包、油炸食品等。这类食品富含碳水化合物、蛋白质和脂肪，属于酸性。而蔬菜不仅仅含有丰富的胡萝卜素和多种水溶性维生素，还含有很多的钙、钾、镁，这些都属于碱性。早餐吃些蔬菜，就能使饮食做到酸碱平衡。为此，专家们建议，孩子的合理早餐应该包括谷类、蔬菜、水果、肉类和奶类，不要用含乳饮料来代替牛奶，尽可能地将面食、蔬菜、奶、花生、豆类食品和少量的动物性食品适当地搭配在一起。家长应经常变换早餐的花样，干稀结合，荤素搭配，粗细结合。而不能图方便，天天给孩子吃油条、麻花等油炸食品。

（3）早餐应遵循的原则

作为父母，每天应与孩子一同吃早餐。早餐为一天的饮食序幕，必须遵循下面几项原则：不要过分摄取蛋白质；少吃高脂肪、高胆固醇的食物；控制盐分的摄取；多食含有均衡蛋白质、维生素和矿物质的食物（如牛奶），以帮助生长、补充身体消耗及维持生理机能平衡；食用含有足够热量的食物，供给身体活动的能量；食物要求清爽而不油腻。

另外清晨的饮食还有三忌：一忌喝冰凉的饮料，温度相差大会强烈刺激胃肠道，导致突发性挛缩。二忌空腹吃香蕉，这种水果含有大量的钾和镁元素，若空腹食用，会使血液中的含镁量骤然升高，镁是对心脏功能产生影响的敏感元素之一。三忌空腹吃菠萝，它含有强酵素，空腹吃会伤胃，其营养成分必须在吃完饭后才能更好地被吸收。

高智商男孩

人的大脑中有无数亿个神经细胞在不停地进行着繁重的活动，科学研究证实，饮食不仅是维持生命的必需品，而且在大脑正常运转中也发挥着十分重要的作用。有些食物有助于发展人的智力，使人的思维更加敏捷，精力更为集中，甚至能够激发人的创造力和想象力。

第六章

高智商离不开高效的学习方式

没有无法成功的孩子，只有失败的家庭教育。要把孩子培养成学习的天才，关键在于要教他学会自我管理和自我教育。围绕这一核心，父母应致力于引导孩子在学习中寻找智慧、兴奋和快乐。因此在教孩子学习时要助兴，不要扫兴；要启发，不要“填鸭”；要从实际出发，不要过难过易；要以鼓励为主，不要总是处罚；要同孩子平等相处，不要摆家长架子；要注重孩子个性化发展……

第二十六件事　为孩子创造良好的学习环境

俗话说："龙生龙，凤生凤，老鼠的儿子会打洞。"这说明父母及家庭环境直接影响着孩子的学习兴趣和认真态度。在现实生活中很轻易就会发现这样一个现象，那就是，在城市里，但凡学习成绩比较好或者比较重视孩子学习成绩者，基本上都是那些家庭学习氛围比较好，或者家长本身比较重视学习，要么本身就是所谓的知识分子。当然要强调一点，也有例外。

作为家长，你整天把金钱看得比天高，你的孩子肯定是一切以金钱为指针开始运转；家长有点空暇，就扑在麻将桌上吆五喝六，你的孩子也很难不染上赌博之瘾，从小就会算计着以小博大，投机钻营；家长有钱，孩子自然会花钱；家长懒惰，孩子当然就散漫……人是环境的产物，一个人的成长过程，其所处的环境有着特殊的作用。不同的环境会形成不同的积习，"孟母三迁"为的就是给孩子一个良好的生活、学习环境，让孩子健康地成长。

1. 学习需要一个良好的家庭环境

幼苗要茁壮成长，需要充足的阳光、肥沃的土地；孩子要学业有成，需要浓厚的学习气氛、良好的学习环境。下面来看一下几种常见的情况。

镜头一：人声鼎沸的集市上，一位学生模样的孩子正坐在自家货摊旁写作业，一边是他的父母正与顾客大声地讨价还价。

镜头二：家长们三五成群聚在一起打麻将、看电视，孩子就坐在一旁读书。麻将声、争吵声、电视声、读书声混合在一起……

镜头三：孩子在灯下认真温习功课，家长陪在一旁，嘴里唠叨不断：上课要听讲，笔记要认真，作业要仔细……

镜头四：孩子考试考差了，家长冷眼皱眉，摇头叹气，雷霆大怒……

镜头五："乖儿子，赶快写作业，爸爸有奖。""如果不把这些题做完，你就别想睡觉!""小祖宗，求求你好好上学，考不上大学怎么办啦!"

镜头六：孩子戴着耳机，一边听音乐，一边写作业。

上面这些现象是我们在生活中经常看到的。许多孩子就是在这种嘈杂烦乱、打骂哄骗的环境里学习，可想而知，他们要学好，要学有所成是一件多么困难的事情啊！时下，孩子们周围的世界五光十色，诱惑极多，怎样才能让孩子专注于学习而不被周围不良环境影响，已成为众多父母急盼解决的难题。

"孟母三迁"是为什么？"退之夜读"是为什么？"诸葛避市"是为什么？都为了寻找一处没有干扰的清静的读书环境。

的确，学习需要一个良好的环境，不但需要良好的外部环境，也需要稳定的心理环境。安静、平和、没有干扰的外部环境可以使孩子注意力高度集中，更快捷更准确地接收知识；如果孩子学习的时候，心情愉快，没有压力，没有担心，不紧张，那么他们的学习效率会更高，效果会更显著。所以良好的心理环境也是孩子学业有成的一个重要条件。为孩子创设良好的学习环境，是当前家长们必须高度重视并急需解决的大问题。为此父母应在能力范围之内尽可能地为孩子创造学习的良好家庭环境。

(1) 为孩子布置一处舒适、朴素的学习场所

儿童好奇心强，注意力容易转移。所以孩子的房间不应该太新奇、太豪华，或者怪异，而应该以舒适、朴素为原则。同时不要在孩子的学习场所摆

放、悬挂一些奇特的物品。可以在孩子房间的墙上挂一些格言警句的书法作品，或是一些宁静、悠远的山水画，营造一个书香弥漫、学气浓厚的学习氛围。

(2) 保持学习环境的安静

孩子在学习时，家长应该注意，家中不要有太大的响动，家长要停止所有的娱乐活动，更不要因家务事吵架、争论，以免打扰孩子的学习。另外，有些家长担心孩子学得太累，在孩子全神贯注地学习时，频繁地进出孩子的学习场所，端开水、送零食、递水果……这些本来动机很好的行为恰恰影响了孩子学习，使他们无法安静下来进入学习中。所以，当孩子正在学习时，家长应尽量不去打扰他们，保持整个环境的安静状态。

(3) 家长要善于发现并尽快排除干扰孩子学习的因素

可能成为干扰孩子学习的因素很多，而且难以预料，所以作为家长，就必须善于捕捉这些因素，并想方设法在最短的时间里排除这些干扰。比如，楼上邻居装修、聚会、放音响等都会使孩子心烦意乱，注意力分散，这时候，家长就应该立即注意到这个问题，并马上采取一些办法，或者同邻居交涉，或者让孩子换一个地方学习……总之，家长应成为孩子学习环境的忠实保护者。

(4) 注意纠正孩子不良的学习习惯

有些孩子学习习惯不好在一定程度上破坏了学习环境，我们经常发现有些孩子一边写作业，一边打开音响听歌曲；或者一边看书，一边吃零食；或者一边学习，一边看电视……这些不良习惯势必破坏安静的学习环境，分散注意力，影响学习的持久性。这时，家长应该立即给予制止，纠正这些不良习惯，维护没有噪声、安静的学习环境。培养孩子良好的学习习惯是家长营造良好学习环境的主要方面。

(5) 家长要注意克制自己的不良情绪

孩子的心理是多变的，容易受外界影响，情绪波动大。有些家长没有注意这一点，常常有意无意地把自己在工作中、社会交往中的不好的情绪带回家，影响了孩子学习。还有些家长在对待孩子的学习上不理智，当孩子考试考差了，成绩下降了，一道题算错了……家长不是怒火冲天，训斥孩子，就是唉声叹气，挖苦讽刺，甚至棍棒加身。这样做的后果极其严重，在孩子心理上就会产生自卑、害怕的情绪，畏惧学习，失掉兴趣，甚至到最后憎恶学习。长此以往，成绩会越来越差。那么家长们正确的做法应是怎样的呢?

首先要保持冷静、理智，切记不要把自己心中的怒气、失望、无奈、悲观等情绪传染给孩子，要克制住自己。然后给孩子安慰、鼓励，缓解孩子等心中已有的忧虑、担心，激起孩子学习的信心，战胜困难的勇气，营造一种宽松、民主、和谐的家庭氛围。家长要用正确的态度和科学的方法促使孩子学习，家长们望子成龙，心情急迫，为了促使孩子学习，采取了一些不恰当的方法，如给孩子许诺，只要学习，就得奖励；不好好给孩子讲道理，而是动辄打骂、恐吓；低声下气地哀求孩子上学。家长们就这样造成了一种打、哄、求的氛围。在这样的氛围里，孩子或紧张，或依赖，或自大，这对学习是有百害而无一益的。家长应该采取正确的、科学的方法，理智地同孩子谈心交流，晓之以理、动之以情，给孩子一种规范的心理暗示，营造一个公正的、严格的、自律的学习环境。

2. 为孩子选择一个合适的学校

鲁伯特·默多克是知名的企业家、世界传媒大亨，1931年生于澳大利亚的墨尔本。他控制了澳大利亚2/3的报纸业，同时，英国的《太阳报》《泰晤士报》等40%的报纸都由他控股。不仅如此，他还拥有英国的天空电视台、美国的福克斯电视网、中国香港的亚洲卫视。互联网兴起后，默多克又宣布与日本软银公司合办一家专门拓展互联网投资的金融企业。在这位世界巨富成功的背后，是伊丽莎白这位严母的教育和心血。她所给予默多克的早期教育，以及对默多克的鼓励和支持，使默多克一生受益无穷。默多克的父亲凯斯·默多克是一位很有成就的报业人士，他在澳大利亚拥有《论坛报》集团，1933 年被澳大利亚政府授予爵士头衔。

默多克的母亲伊丽莎白·格林是一位非常有主见的女性，她性格果敢，对儿子既宠爱有加，而又严格要求。

1941 年，在还不到 10 岁的时候，默多克被送到寄宿学校。父亲凯斯反对这个安排，但他母亲丝毫不让步："我认为寄宿学校的生活能教会他如何与其他人生活在一起，对他更有益处。"

伊丽莎白后来回忆，她觉得对于那些从一个生活优越的家庭环境中出来的孩子，寄宿学校的教育是孩子成长过程中尤为重要的一课："我想凯斯是担心默多克不能理解学校的教育，但我敢肯定我是对的。"默多克则肯定他的母亲是错的。"我恨基隆语法学校。"默多克说，"我曾说过许多遍，我永远不会愚蠢地说，我的学生时代是我一生中最快乐的时光。"

基隆语法学校是一个斯巴达式的学校，在墨尔本西南的海边，位于海风口。在冬天，刺骨的寒风几乎能穿透一切，对于孩子们来说，这是世界上最冷的一个地方。但这所中学的教员饱学博识，循循善诱。

校长严格且尽职，默多克在学校里不仅仅学到了丰富的知识，而且逐渐培养起独立思考的习惯。在几位良师益友的影响下，默多克开始参加校园活动和学生社团，并开始崭露头角，成了学校的知名人物，还担任了校报的编辑，开始了他的媒介生涯。

默多克的母亲在对默多克的教育上，似乎有点"不近人情"，但正是这种

“不近人情”才造就了默多克今天的成功和辉煌。今天，我们的一些父母总是千方百计地不让孩子吃苦，不给孩子单独锻炼的机会，结果使得孩子越来越娇嫩，独立性越来越差，试想，如果一直这样下去，他们以后又怎能适应各种环境、各种职位呢？他们又怎能在复杂的社会环境中生存呢？

有一点值得注意，为了孩子的成长，家长应该慎重地为孩子选择一所合适的学校。因为，学校能比家庭带给孩子更多的知识，能开阔他们的视野，陶冶他们的情操，将会使孩子结识更多的良师益友，并从中获益。由此可见，学校是父母培养子女成材不可忽视的重要基地。

高智商男孩

男孩学习的时候必须“入境”，即做到目的明确，思想集中，心里踏实，适度紧张。要达到这样的境界，需要家长与孩子共同努力，特别是作为家长，要为孩子创造良好的学习环境。

第二十七件事　唤起孩子的学习兴趣

学习兴趣是推动孩子学习活动的一种动力，它不是自然而然形成的，需要父母给予培养。孩子如果对学习没有兴趣，任何好的学习条件对他来说都是形同虚设，一旦有了兴趣，不用催促，他也会全力以赴认真学习。有一个故事说得很有意思：有个印第安人和他的朋友走在闹市区，车来人往穿梭不停。印第安人是以捕蟋蟀为生的穷人，靠捉蟋蟀卖钱来糊口。突然，印第安人停下脚步，大叫：“我听见一只蟋蟀在叫。”他朋友对他说：“你发神经，不可能。”印第安人认真地回答：“不！我听到了蟋蟀在叫，没错!”他的朋友肯定地说：“现在正在中午，人那么多，汽车喇叭声此起彼伏，你不可能听见蟋蟀叫。”

印第安人并不理睬，他独自穿过马路，果然在小灌木丛中发现了一只蟋蟀，这使他的朋友惊叹不已。印第安人说：“其实，我的耳朵和你的并没有什么两样，我只是用心去听罢了。”说完，印第安人又做了个实验，他将一把硬币丢在了水泥路上，半条街的人都随即转过头来。印第安人笑着对朋友说：“兄弟，现在你相信了吧，关键看你是不是用心去听。”

这个故事告诉我们，只要是孩子感兴趣的，他们自然就会提高注意力。并会因此转变学习态度，首先是培养兴趣。教育的进程不能颠倒，学习的条件和动力也不能倒置。为父母者，心要细，气要顺，手要慢，激发孩子的学习兴趣，孩子自己当然也要千方百计努力去培养自己对于学习的兴趣。

培养孩子学习兴趣的一种有效方法就是兴趣迁移。爱玩游戏机的孩子可以专注得废寝忘食；爱打篮球的孩子，可以在操场拼个“你死我活”；爱发短信的孩子可以按得手指麻木……这么耗费体力和脑力的活动，孩子们为什么会乐此不疲呢？就是因为兴趣使然。如果将这种执着进取的精神用于学习，将会产生多么大的动力啊！

可是有些孩子偏偏就对学习无法提起兴趣，家长心急如焚，孩子自己也苦恼万分，其实大可不必如此紧张，学习的兴趣完全可以慢慢培养起来。家长可以先从孩子有兴趣的地方开始：健康活动，体育运动，棋类活动，唱歌跳舞，绘画表演都可以。磨刀不误砍柴工，花点时间，培养兴趣，这个培养兴趣的过程就是一个人成长的过程，其间的方法或许可以以此类推到学习中去。

因此对于孩子学习以外的某些娱乐的兴趣，家长千万不要一味地去扼杀，而要正确引导，引导到学习兴趣上来。同样的精力，同样的劳累，同样的拼搏，许多娱乐与学习产生兴趣的要素是相同的，都会使人兴奋，都会获得成功的快感。可是孩子对学习的兴趣为何始终不如对娱乐的兴趣那么高呢？一个很重要的原因是我们的孩子过早地进入紧张学习的状态，造成了提前兴奋，从而对兴奋的持续性产生了抑制，无聊、厌倦的情绪一股脑儿向他们涌来，纵然他们主观想努力，客观上也提不起兴致。倘若孩子家长不再唯考分是从，适当减轻一些压力，或许孩子们有朝一日能感觉到，在其他活动中的兴趣在学习中同样可以寻找到，那么自然而然就被引导到学习中来了。

即使孩子对于活动的兴趣最终无法迁移过来，但如果他在某一项活动中兴趣十足，表现突出，说不定也会产生意想不到的成绩，所谓“三百六十行，行行出状元”说的正是这个意思。

孩子的学习，兴趣开发永远应该放在第一位，兴趣永远是最好的老师。那么，做家长的应该如何培养孩子的学习兴趣呢？

1. **珍视孩子的好奇心**

对孩子的好奇心、兴趣和才能，一不推，二不捧。有些父母对孩子提出的许多问题缺乏耐心，往往采取回避或粗暴的态度，“去，去！没看见我正忙着吗？就你问题多!”这些粗暴的做法就是推，它把孩子的求知欲望摧毁了。对子女的好奇心和兴趣、才能要热情鼓励，给予支持，但不能捧，尤其不能把孩子的才能当作家庭的小摆设，在大庭广众、亲戚朋友中炫耀、吹捧，那样会使孩子沾沾自喜，以致误了孩子终身。

2. **明确学习目的**

目的和兴趣都是需要的表现形式，它们之间有着十分密切的关系。孩子对某一事物认识的目的越明确、具体，对该事物的兴趣就越大。仅仅由某事物或现象的生动性或趣味性引起的儿童兴趣是肤浅的，而由明确的学习目的支持的学习兴趣，才是深刻的、稳定的和持久的。在小孩子的课程范围内，有些知识是相当枯燥的，比如数学中的某些知识，它们很难以其本身的生动性引起儿童的兴趣，但是，如果家长能向孩子说明这些知识在社会主义四化建设中的作用，并启发或带着孩子去亲身体验，让孩子明确学习目的，孩子可能会乐于学习这些知识。

3. 帮助积累知识

假如一个孩子对某方面的知识发生兴趣，那就是说，他必然是已经接触了这方面知识，并且有所体验，感觉到它的有趣。如果一个孩子在这方面的知识是零，那么，他说对它有兴趣，则只不过是一句空话。是没有跟基的，不可靠的。知识的积累有助于孩子学习兴趣的发展，例如，阅读兴趣，需要以识字为基础，识字越多，可读的书的类别越多，范围就越大；学习历史，知道的历史事件越多，历史现象越多，对历史的兴趣可能越浓，参观历史博物馆将能帮助孩子积累这方面的知识。

高智商男孩

男孩需要的是别人，特别是父母的理解与尊重，父母可以与孩子进行交流与探讨，当孩子把不喜欢读书的理由都说出来之后，孩子自己就会发现他不喜欢学习的原因并不是学习本身，而是被老师批评了、被讥笑、想看电视等与读书学习有关的环境。父母了解他的问题所在，就要为他解决。例如，可以和老师谈谈孩子的情况，在孩子喜欢看的电视节目播放时，先让孩子把电视看完再去学习等，这样可以帮助孩子解决学习上的障碍，恢复孩子对学习的兴趣。

第二十八件事 培养孩子学习毅力

毅力是指在明确学习目的的情况下，克服和排除学习中的内外困难和干扰，以顽强的意志完成学习任务的品质。当儿童具有了这种品质以后，他们就不会因一时的困难而气馁，也不会因内外干扰而分心。人的认识活动充满了各种各样的困难，人的意志总是与克服各种困难相联系，并在有目的的行动中表现出来。爱因斯坦说："优秀的性格和钢铁般的意志比智慧和博学更为重要。"在日本，人们推崇所谓"忍术"，并且有一种"忍术的修行法"，其中有一个训练跳高的方法："种下大麻，使其生长，每天在它上面跳越。"日本著名教育家铃木认为这是培养非凡能力的好方法，值得采用。

大麻时时刻刻在生长着。如果每天都在大麻上跳越的话，自己的跳越能力也在逐日提高。随大麻的生长而每天练习跳越的人就会轻而易举地、自然而然地跳越过去。由此可见，悲叹自己无能的人是多么的无知啊！

"能力，只有通过努力才能掌握，只有通过反复做才能熟练掌握"，这是铃木的自戒。

有一次，铃木把自己说的"生命在音乐中无形地成长"这句话写在了1500张诗笺上，准备把它送给学生们。铃木利用晚睡或早起的时间去写，有人说："你这样做太辛苦了。"但是对于铃木来说，这样做，不但不辛苦，反而让人感到很高兴。既然写就想写好。每写一张，嘴里就不断嘟哝着：写得再好点，写得再好点。

对于不是画家的铃木来说，写好字是相当难的。尽管这样，每当写一张，他就增加了一份信心和力量，终于写得越来越漂亮了。同是一张诗笺，但字写得一张比一张好，这确实是难以形容的反复做的妙趣啊！

孩子即使有什么短处，也不要把它视为天生的而放任不管，应该经常进行练习，最多用10年的时间就可以把其短处变为长处。对此，多数人都经历过。可以说，任何事情的成功与否是与能不能坚持干到底有关的。毅力也是能力，所以必须加强培养。那么怎样培养才好呢？

首先下决心开始后，要忍耐一段时间。值得注意的是，最初的这种忍耐是决定自己命运的。这是因为继续忍耐一段时间，必要的毅力就会产生出来，做事情也就相应地容易多了。这就好像一粒树种埋进土里，很难出土发芽。虽然肉眼看不见，但从埋进土里的那时起，种子就开始变化，做发芽的准备。幼芽终于破土而出了，它孕育着向上的喜悦和生长的快乐。幼芽渐渐长大了，与此同时，幼芽的根开始在土里生长。这根就是促进树生长的力（以人而言，促进能力发展的根源），即所谓根气。幼芽渐渐发育、茁壮成长，形成树的状态，与此成比例的根部也渐渐粗壮起来。因而可以说，这种根气作为人的毅力是促进人们干到底的法宝。另外父母还可从以下几个方面入手：

1. 教育孩子从小立志

教育孩子从小立志，“伟大的目的产生伟大的毅力”“坚强的意志源于崇高的理想”。家长可用古今中外科学家献身科学的志向与坚韧不拔，终至成功的事迹去教育孩子，如我国著名桥梁专家茅以升，一辈子献身于桥梁事业，与他从小受到的教育是分不开的。

南京秦淮河上有一座文德桥，有一年端午节游人为争看龙舟竞赛被挤塌了，许多人掉到了桥下，有些孩子被淹死了。事后，家人就带茅以升观看倒塌的文德桥，茅以升小小的心灵受到很大的震撼，从那时起，他就立志要造坚固耐用的大桥，也由此增长了茅以升热爱科学、关心社会的崇高理想。

居里夫人为了提炼新元素，花了二十多年时间，做了一千多次实验，仅实验废物就上千吨，最后终于炼出了镭；再如，焦耳没有上过学，他的知识全靠自学获得，为了证明热是能的一种形式，使用种种方法，做了四百多种实验，历经了无数次的失败，最后终于获得了热功的大量的数值；数学家阿基米德在罗马士兵沾满鲜血的利剑面前，临死还高喊："不要动我的几何图!"要让孩子懂得马克思的名言："在科学的道路上，没有平坦的大道，只有不畏劳苦，沿着崎岖山路攀登的人，才有希望到达光辉的顶点。"同时还要使孩子意识到个人的学习与社会进步的关系，从而使他们产生学习的社会责任感。为了贴近孩子的实际，还可以用同龄人的榜样来教育孩子，如某某孩子克服困难获得成功的事例，让孩子看得见，摸得着，可学习。

2. **鼓励孩子不断克服困难**

人的意志不是天生的，是在生产、生活的实践中，通过不断克服困难发展起来的，困难是培养孩子毅力的磨刀石。孩子学习上的毅力，也是在具体的学习活动过程中通过克服困难形成的。有家长说：我要求孩子一年级总分在班级进入前十名，二年级进入前八名，六年级时要进入全年级前十名，设立这样的目标，让孩子一步一步地去实现，这个过程就培养了孩子的毅力。这样的做法是不正确的，它有两个方面，一是这些目标是否切合孩子的实际，是否属于经过努力就能达到的，如果孩子不能达到这些目标，遇到的全是失败，毅力从何而来？二是部分的前几名，排第几位，受各种因素制约，本身就不是一个科学的目标。正确的做法是，从具体问题入手，当孩子在学习上遇到困难时，不断地给予他意志与情感的鼓励，"我知道，这道题你一定能够须知出来”，“不要怕，作者只要理解努力，深入思考，就答对了这道题，祝贺你”，让孩子从亲身的意志行为中尝到快乐。家长还可根据孩子特点，有意地设置一些困难，如让他跳一跳摘果子，激发他尽力跳起，从而培养战胜困难的毅力。

高智商男孩

家长要和学校教师一道研究孩子的学习过程，培养非智力因素，帮助他们总结学习经验。授之以鱼不如授之以渔。教孩子学习方法，比学一点静止的知识重要得多。告诉他们学习是终身的事，活到老，学到老，把学习当作生活中不可缺少的一部分，并从学习中获得无穷的乐趣，做一个真正的现代人。

第二十九件事　方法比死记更为重要

诺贝尔物理学奖获得者丁肇中教授曾经说过：“一个学生如果只会死啃书本，应付考试，那他所得的知识是极其有限的，很可能只是重复前人所掌握的东西。”托尔斯泰也尖锐地指出：“如果学生在学校里学习的结果是使自己什么也不会创造，那他的一生将永远是模仿和抄袭。”

当孩子面对新的问题时，如果能和已有的知识建立起联系，会让解题过程变得更轻松。考试的真正目的，也正是为了让孩子自如运用已有的知识，来解决新的问题。然而，联系已有知识的关键在于一个字——活，如果用得过于死板，反而会起到不好的效果。

现代汉语的语法分析体系是从西方套用来的，这就是说我们使用着中国语言，而衡量这种语言的标准却是西方的。这套不合体的标准，却在语文课上被老师们津津乐道。而实际上，我们更应当从整体上去把握中国语言，把握语言的整体特征，不能强要每个孩子都成为语言学家、逻辑学家。正是语法体系的错位，使得我们的语言审美也出现了问题。譬如《明湖居听书》中的一句："那双眼睛，如秋水，如寒星，如宝珠，如白水银里养着两丸黑水银。"我们一定会说这一句很美。然而，有孩子就模仿，写《我的同桌》："她的头发像黑色的瀑布，眼睛像夜明珠，鼻子像大理石，嘴像一条小船，脸盘子像十五的月亮……"当所有这些比喻拼凑到一起时，就出现了一个极恐怖的形象，还不如直接说一句"我的同桌很美"来得实在。这就是刻板套用已有的知识，这种毛病还不止出现在文科中，理科一样存在着类似问题，如用错了公式和定理。这种刻板的套用，归根结底，还是孩子对知识掌握得不够深入，仅仅凭借一些表面印象来运用，并没有真正地理解。

高钢把9岁的儿子带到美国，就像是把自己最心爱的东西交给了一个并不信任的人去保管，终日忧心忡忡。孩子可以在课堂上放声大笑，每天最少让孩子玩两小时，下午不到三点就放学回家，最让父亲开眼的是根本没有教科书。一个学期过去，父亲把儿子叫到面前，问他美国学校给他最深的印象是什么？孩子笑着说了一句美国英语："自由！"这两个字像砖头一样，拍在老爸的脑门上。不知不觉一年过去了，儿子的英语长进不少，放学之后也不直接回家了，而是常去图书馆，不时就背回一大书包的书来。问他一次借这么多书干什么？他一边看着那些借来的书一边打着电脑，头也不抬地说："做作业。"

这叫作业吗？一看儿子打在计算机屏幕上的标题，父亲真有些哭笑不得——《中国的昨天和今天》，这样天大的题目，即便是博士，敢去做吗？于是乎严声厉色，问是谁的主意。儿子坦然相告："老师说美国是移民国家，让每个同学写一篇介绍自己祖先生活的国度的文章。要求概括这个国家的历史、地理、文化，分析它与美国的不同，并说明自己的看法。"父亲听了，连叹息的力气也没有，真不知道让一个只有几岁的孩子去运作这样一个连成年人也未必能干的工程，会是一种什么结果。他只觉得，一个孩子如果被教育得不知天高地厚，以后恐怕是连吃饭的本事也没有了。

过了几天，儿子完成了这篇作业。没想到，打印出的竟是一本 20 多页的小册子。从九曲黄河到象形文字，从丝绸之路到五星红旗……热热闹闹。父亲没有赞扬，也没评判，因为自己也有点发懵，一是他看到儿子把这篇文章分出了章与节，二是在文章最后列出了参考书目。这是父亲本人在读研究生之后，才开始运用的写作方式，那时，他已经 30 岁了。

在这个例子中我们看到，一个不到 10 岁的孩子，就能处理大量资料，并进行分类整理、编纂成书。最初是对资料的搜集和筛选，然后是把选好的内容按照一定逻辑关系连接起来，最后再从文字上通一遍，配图，排版，打印。分章分节本身就体现出了逻辑的递进关系，而列出参考书目，则显示出了严谨的治学态度。在整个过程中，找资料并不难，难的是在各种资料之间建立联系，把散乱的点连缀成篇。有了这种能力，任何复杂的综合应用题就都能迎刃而解了。

对于家长来说，让你的孩子获得这样的能力，其实并不难。

1. 让孩子找联系

对于孩子学习上的难点，家长可以让他寻找各种关联内容，或者在内容上有一定的逻辑关系，或者在规律上有一定的相似之处。这样有助于孩子加强知识间的横向联结，提高综合应用的能力。

2. 让孩子独立制作知识结构网络图

家长可以让孩子把某一科目的知识，都用图表的形式联结起来，体现出相互间的关系。这能让分散的知识在孩子的头脑中形成一个整体，尤其在自己动手总结的过程中，孩子可以更深入地理解。

3. 遇到难题时，引导孩子回忆相关知识

当孩子在难题面前“卡壳”，父母可以引导他回忆以前学过的相关知识，努力寻找相互间的联系。可以把难题分为几部分，每部分都用相应的知识解决。这同时也是对旧知识的一次复习。

4. 让孩子系统介绍某一门科目

家长可以让孩子用自己的话，来介绍某一门科目的内容。为了尽量全面，孩子就不得不寻找相互间的联系。而这种联系一旦建立，以后的学习就会事半功倍。

5. 用创造性的题目，锻炼孩子的综合能力

家长可以仿照前面提到的例子，出一些有创造性的题目，让孩子独立完成一篇论文。题目应该能尽量引起孩子的兴趣，也可以由孩子来选。你会发现你的孩子也能完成一份研究报告，而且里面会有他自己的体会和心得。

高智商男孩

转变教育方式，构建旨在培养孩子创新意识和实践能力的学习方式，帮助孩子尽快步入自主性学习的轨道，是广大父母教育观念转变的迫切问题。

■第三十件事　玩耍与学习相结合更好

爱因斯坦说："对于一切来说，只有热爱才是最好的老师。"同理，玩是孩子的天性，是一种主动"学习"的态度。其实玩并不都是害人害己，与学习并不是势不两立的，如果处理得当，两者完全可以相辅相成。尤其是健康的娱乐内容，十分有利于孩子综合素质的培养，除了执着的精神外，还有思维能力、观察能力、合作能力等，都可以在玩中得到培养，教育界提出的"愉快教育"就是基于这样的指导思想。另外，在玩的过程中我们能发现孩子的特殊才能和天赋，如果能够因势利导地培养、强化这种兴趣，就可以使孩子在某些方面有所突破，做出特殊的贡献。

英国伟大的数学家麦克斯在数学方面的天赋就是他的父亲发现和培养出来的。有一次，麦克斯的父亲偶然发现儿子画的画很特别，引起了他的注意。儿子画了一个插菊花的花瓶，但是所有的菊花和图形都是由几何图形组成的，例如大小不一样的三角形的叶片，它们的形状搭配得非常巧妙。父亲非常惊异地发现儿子对几何图形的控制能力，继而不断地启发引导，使麦克斯很快对数学入迷，终于成为一代杰出的数学家。

玩作为一种主动"学习"的态度，可以启发孩子的兴趣爱好，还可以从中发现问题，培养主动性。因此家长不应该过多地干涉孩子玩耍的时间，而是给予积极、正确的引导。

1. **玩是儿童的权利**

曾经有一位老先生向专家请教："我是孩子的爷爷，我现在跟我儿子的矛盾很大，我儿子把孙子搞得太紧张了，给孙子请了四个家教，上七八个班，孙子每天晚上十一点前别想睡觉，连双休日都安排得满满的。我说这么做孩子肯定受不了。我儿子却说我落伍了，说这是竞争，不能让孩子输在起跑线上。"这位老先生很无奈。这的确是我们十分不愿意看到的现实。许多父母生怕孩子在童年时代就落后于人，所以早早为孩子规划人生。于是，孩子童年就被各种各样的培训班、特长班挤占，孩子童年时代的梦想就被父母想要在孩子身上实现的各种计划无情地替代。孩子的童年已经不再是纯粹意义上的童年。其实快乐、幸福、自由是童年的真谛。童年时代具有特别意义。很多奇思妙想的萌芽都来自宝贵的不可替代与重复的童年时光。在一个人的童年，吃什么、穿什么往往不那么重要，而玩什么才是最重要的。

2001年10月，在第一届全国京剧戏迷票友大奖赛中，一个叫刘小源的4岁女娃娃唱的一段《大雪飘》征服了观众、评委。担当大赛评委的中国戏曲学院副院长赵景勃教授在点评时都不知道该说什么好，于是给了一个超常规的评语："我们都不知道该怎么评了。她简直就是一个小人精！今后戏剧界可以考虑设个神童奖。"最终刘小源获得金奖，成为最受观众欢迎的票友。从此，一个4岁的孩子，凭借一出《大雪飘》红遍大江南北，成了"名人"，成了破"纪录"的小明星。这其中有什么奥秘呢？

刘小源的父母都是京剧票友，爸爸唱小生，妈妈唱梅派青衣。两个人经常在家里唱念做打。也许是耳濡目染的原因，刘小源从小就对京剧表现出独特的兴趣。好玩好动的小源爱模仿。她经常扯起床单披在身上，然后做出各种造型，让妈妈猜是京剧里的哪个人物，一会儿是《霸王别姬》里的虞姬，一会儿是《红楼梦》里的林黛玉。在大家的眼里这是学习，但在孩子眼里却仅仅是好玩。就是在玩中刘小源学唱会了许多京剧唱段。

儿童的世界有其独特的规律，遵循了这一规律，教育就成功；违背了这一规律，教育就失败。在儿童眼里，一切都是游戏，刘小源唱京剧就是如同在玩游戏，游戏就是她心中重要的工作。所以父母应当尊重和理解儿童，尊重和理解儿童的世界，不能以成年人的思维揣度孩子甚至约束训练孩子，剥夺孩子玩的权利。然而，有的父母并不真正认可“玩是儿童的权利”这一观念，并且常常限制孩子的玩。也有的父母即便允许孩子玩，也总是把玩的意义建构在学习的基础上，当他们认为某种“玩”对学习有益的时候，就允许孩子玩，而当他们认为某种活动对学习没有什么好处的时候，就以“影响学习”为理由，限制孩子的选择。正是在这样的观念指导下，孩子们看电视、玩电子游戏机等纯娱乐的活动被严格禁止，而读书、学习计算机、弹钢琴等活动则得到了父母的鼓励，因为在成年人看来，这些活动是“有利于学习的”。

玩是儿童的天性，玩是儿童的权利，就像儿童要吃饭穿衣一样。玩作为儿童的不可剥夺的权利，是因为玩是儿童成长的需要，剥夺儿童玩的权利有损于儿童的身心健康。我们可以看一看，如今的儿童在繁重的学习压力下已经失去了童心，正在变为成人实现一些想法的工具。玩其实也是儿童认识世界、了解世界的一种重要的学习方式。儿童了解这个世界用他自己的方式，在玩中感受着这个世界，我们不能用成人认识世界的方式取代儿童认识世界的方式。著名作家严文井先生曾经有过这样一段评语：“所有小动物都没有学校，它们的本领怎么学来的呢？从玩中学来的。玩中有许多技能，技能关系到生存。如猴子爱跳着玩，从很高的一棵树跳到另一棵树上，跳过去就是生，跳不过去就是死。你说，这玩中的技能重不重要？这玩是不是一种不可缺少的学习呢？”

2．娱乐学习两不误

著名教育学家李大钊很早就教育我们“要玩就玩个痛快，要学就学个踏实”。可见娱乐并不是我们应该嗤之以鼻的，而学习时想娱乐，娱乐时担心学习的状态却是最不可取的，这样的孩子永远在一种焦虑不安中过日子。休息娱乐是人的天性，也是一种自然的生理需求，没有什么不正常，所以凡有娱乐玩要的机会，大多数孩子都不会放过。可有些孩子在娱乐之际，还念念不忘没有完成的作业、没有看完的书，这样还有什么心情玩乐呢？当他们回到书桌前想要学习时，又开始憧憬玩乐时的场景，浮想联翩，不能自持……这种娱乐学习都耽误的状态，最不利于一个人的健康发展。

娱乐时要尽兴，当然只应局限在休息时间，让他们全身心投入，把这段时间毫无保留地交给娱乐，让孩子尽情享受娱乐所带来的乐趣，无形之中还可以培养他们对待一项事情的执着。大凡学习不认真的孩子，娱乐时也不会特别认真，无论做哪件事，他们都是那么漫不经心，长此以往，形成了一种什么都无所谓的生活状态。为了激发他们对学习的热情，不妨从娱乐活动开始，利用娱乐的趣味性趁势培养执着精神，让孩子学会全神贯注；利用竞技娱乐的竞争性，让孩子学会争强好胜，然后因势利导，将这种状态转移到学习中来，一定会有意想不到的收获。

有一对父母很有意思，他们和那些整天把孩子关在屋里做功课的父母不一样，他们对孩子有一个规定：星期天一天都不许做功课，只许玩！也许一些父母会觉得奇怪：这样不耽误孩子的学习吗？他们的孩子也的确争气，成绩在班里总是名列前茅。奥妙在哪呢？

这对“有意思”的父母对大家说：“第一，玩是孩子的权利，是孩子的天性，如果不让孩子玩，实在太残酷，也剥夺了孩子正当的权利。第二，父母也很难做到完全控制孩子的玩。稍稍管松一点，他就会偷偷去玩，如果管严了，他就上课玩，做作业的时候玩，甚至躺在被窝里玩。第三，星期天让孩子玩一天，孩子就会自己主动在星期天之前把作业全部写完，这样第二天他才能痛痛快快地玩；他星期天玩够了，星期一上课的时候也不再想别的了，就踏踏实实学习了。”

这对父母之所以“有意思”就在于知道玩是儿童的权利，同时又能够“老谋深算”地给予孩子玩的机会。

有人会担心，让孩子尽情玩乐，他们会不会就此沉溺其中而不能自拔呢？我们身边已经有很多这样的先例，为了避免产生这样的恶果，父母仍然要对孩子的娱乐行为进行严格的把关。有位家长就透漏了他的经验，他每天回家先要摸一摸电视机，而电视机上的余热足以证明孩子又看过电视了。即使父母们用尽心机，一旦孩子们离开了父母的视线，仍旧玩得热火朝天，除非实施监控，否则收效甚微。然而就算父母有效地杜绝了孩子们的玩乐机会，结果又会怎样呢？由于无法娱乐，或是娱乐的时候不尽兴，一定会对学习造成负面的影响。如此看来，家长不如鼓励孩子去尽兴玩乐，但要约法三章：在规定的时间、规定的内容中去尽情地娱乐。

高智商男孩

给孩子自由，但不能够让孩子随意地滑向任何一个方向，一定要给他立下警示标，此路不通，这个办法不行，必须要怎么样。因为任何自由都应该和责任相对应，责任、权利统一，有自由就有义务，有义务你就享有自由。所以希望每个家庭要给孩子确立一些家规。

第七章

智商高也得多动手

孩子的动手能力既是智力内容之一，又是开发、培养一个人总体智力，促进其他单项智力的教育方式。因此我们需要重新认识动手能力的培养，获得正确指导孩子的方法。

一个人如果从小懒于动手，依赖父母太重，自己能做的事也推给父母或他人去做，双手得不到锻炼，动手操作能力差，那他的智力发展肯定会受影响，“衣来伸手，饭来张口”的孩子不但影响智力发展，而且会影响其他非智力的发展。如性格、习惯、独立性等方面，做父母的不可不慎，以免好心不得好报。

第三十一件事　男孩要重视动手能力

在男孩成长过程中，许多家长不重视锻炼孩子的动手操作能力。孩子小的时候家长把他们吃的、穿的、用的都准备好，担心他们做不好；孩子入学之后，为了让孩子一心一意学习，还让孩子过着饭来张口、衣来伸手的生活，结果孩子的成绩未必优秀而且动手能力严重欠缺。

某幼儿园举行了一次夹球游戏比赛，比赛中许多小朋友都熟练地一个接一个地把小塑料球从大口瓶里夹到小盆里。亮亮也很努力地夹着，可他的双手好像不听使唤，怎么夹也夹不住球。他的妈妈在一旁着急地喊着："夹，夹，小亮快点夹呀，手不要抖动……"亮亮急得汗珠都冒出来了，听到妈妈的喊叫，他有点恼怒地对着妈妈说："谁叫你平时不让我用筷子吃饭!"妈妈脸红了。是啊，孩子不会用筷子该怪谁呢？目前，我国有相当一部分的家庭还存在着这么一种现象：孩子都五六岁了，却不肯自己吃饭、穿衣服；上小学了还不会自己收拾书包；上中学了甚至要妈妈给她梳辫子，更不要说做家务事了。孩子自理能力如此低下又该怪谁呢？

1. 动手操作对孩子成长的作用

心理学已经证实：动手操作能力对人的大脑机能和智力发展有着重要的促进作用。人的大脑各个不同的皮层区域控制着不同的功能，主宰运动系统的相应皮层所占面积很大，孩子的运动和操作能刺激大脑皮层的发育，激活脑细胞使之得到锻炼，从而增强智力。所以，身心正在成长的儿童需要足够的活动来发展身体和心理的各种潜能。幼儿通过爬、走、跑、跳，甚至在草地上打滚学会掌握身体平衡，为他们以后独立生活和书写打基础；如果幼儿的身体活动得不到足够的锻炼，对他们将来的生活和学习会产生很大的害处。心理学研究发现，儿童运动不足会造成“感觉统合失调”症。“感觉统合”就是指大脑对来自身体内部或外部环境复杂、多变的信号进行灵活的加工，使神经系统的不同部分协调成一个整体以适应环境的变化。如果婴幼儿缺乏活动空间、爬行不足或家长为孩子包办一切，过度限制儿童的活动，会造成手眼协调能力差、书写困难、作业拖拉。因此，家长不要溺爱孩子或是怕孩子把衣服搞脏、把家搞乱而限制孩子的活动。

上了学，家长更应该重视鼓励孩子参加体育锻炼。但是，现代学校教育过度强调学习成绩，不管学生死读书也好，活读书也好，只要分数高就行。这使得家庭教育也深受影响，家长让孩子在家中一心只读“圣贤书”，担心孩子玩会耽误学习，到了星期天也不让孩子有足够的时间进行打球、踢毽子、跳绳等有益的体育锻炼活动。家长这样做是因为他们不了解体育锻炼与智力开发之间的关系。

活动身体对人体各种功能，特别是大脑功能的改善和提高，有重要的促进作用。例如，要提高记忆力就要使大脑得到足够的氧气，而身体活动引起呼吸功能的增强，促使人体用氧率提高，从而为大脑供氧创造了条件。同时增强记忆力还需要血液中有足够的血糖，锻炼身体可以增强食欲、促进消化，使人体从食物的淀粉中吸收更多的葡萄糖，葡萄糖吸进血液成为血糖，使血液中的血糖比例增大，这样就有助于提高记忆力。

体育锻炼可以直接促进智力的发展。如各种球类活动要求密切注意球的运动以及参加双方的活动变化，并要根据变化判断各种瞬息多变的情况，迅速思维并立即做出反应。因此，这类活动可以增强观察力、判断力，锻炼注意力，提高思维速度。又如，做体操需要准确地识记各种动作要领，调节表情姿态，并要摆脱对动作的机械模仿，通过丰富的想象来创造各种新的形体动作。这些都说明身体活动直接为智力的优异开发提供良好的生理条件，是促进智力发展不可缺少的手段。

家庭教育的基本任务之一就是使儿童在生活和体育锻炼上得到保证。否则，即使采取其他强有力的教育措施，也会使儿童由于身体活动和动手操作不足导致缺乏智力发展的生理基础，影响他们健康地成长。

2. 采用实用的方法，培养孩子的动手能力

俗话说“心灵手巧”。灵巧的手是一个人大脑发育良好的标志之一。在大脑中支配手部动作的神经细胞有20万个，而负责躯干的神经细胞却只有5万个，可见大脑发育对手灵巧的重要性，而手动作的灵敏又会反过来促进大脑各个区域的发育。这就是人们常说的“眼过百遍，不如手做一遍”。

培养孩子动手能力的方法：

(1) 让孩子学会自己照顾自己，如整理玩具、打扫房间、洗小物品。在日常生活中，父母要刻意培养孩子自己倒水喝，用筷子吃饭，学习擦桌子扫地，自己整理玩具，洗手绢等。

(2) 提供各种结构材料，让孩子玩结构游戏，如积木、插塑、拼装玩具、橡皮泥、沙石、冰雪等。聪明的父母这时会顺应孩子喜欢动手的规律，拿来一些废纸让他撕，给他一些木头和棍子让他敲，买来蜡笔教他学画画，找一些不用的小瓶小盒让他配盖，为他准备一些积木和自制拼图、橡皮泥、七巧板等玩具，使他动手又动脑。孩子在动手时学会了技巧和专心去解决问题的能力；在拼七巧板、穿珠子、套盒时延长了专注时间，培养了独立工作能力。

(3) 及时帮助孩子弥补动手能力差的缺陷。为了帮助孩子弥补动手能力差的缺陷，首先要分析孩子动手能力差的原因。专家指出，孩子动手能力差，主要原因有三种：一是成人担心孩子小不会做事，怕他出事，或怕孩子损坏东西，许多事不让孩子自己动手去做，而由成人包办，孩子失去了一次次动手的机会。二是家庭装饰摆设成人化，没有孩子动手的小天地。孩子进了家门，这不许动，那不许碰，玩具不能自由拿放，孩子可活动的空间太小。三是孩子动手材料少。爸爸妈妈花钱买的玩具，外表虽美观，但大多数是机械或电动的，不能拆拼，孩子缺乏动手材料。面对孩子动手能力差的状况，父母可从以下三方面进行培养：

①教孩子参与家中的一些家务活，如包饺子、择菜等，可让孩子动手和父母一起做。

②为孩子购买一些操作性强的玩具，如橡皮泥、拼图、积木等，让孩子动手拼装。

③根据孩子的兴趣教孩子绘画、泥工、剪贴等，在动手的同时也培养了孩子的创造能力。

高智商男孩

苏联教育家苏霍姆林斯基在《给教师的建议》中写道：“在人的大脑里，有一些特殊的、最积极的、最富有创造性的区域，把抽象思维跟双手的精细的、灵巧的动作结合起来。因此动手就能激发这些区域活跃起来……手能教给思维以精确性、工整性和明确性。”

■第三十二件事 不同的男孩要有不同的动手能力

所有父母都希望自己的孩子聪明伶俐，多才多艺，于是家长们忙着教孩子认字、数数……进行早期教育；忙着给孩子报表演班、报钢琴班……让孩子学习各种才艺，这些固然对孩子的成长有好处，但有一个既简单易行，又可以促进孩子智力发展的方法，却常常被家长忽略了，那就是让孩子动手。

动手，是孩子成长的基础，是孩子智力开发的“头脑体操”。可令人遗憾的是，现在的家长们以为让孩子学学乐器，练几样特长就是培养孩子的动手能力，殊不知，这是害了孩子，误导了孩子。如果你真爱孩子，如果你真心希望你的孩子聪明，那么请创造条件，让孩子施展小手。

训练手，要依据不同年龄段儿童的特点进行培养，下面是一位学者的观点：

韩女士，医学院育儿专家：儿童的智能在他们的手指尖上，手和脑之间有着千丝万缕的联系，手指的动作越复杂，就越能促进脑神经的发展，可以说训练了手就是训练了大脑。那么，如何训练手呢，不少专家都认为应当根据不同年龄段儿童的特点进行，随儿童的生长发育规律展开手的训练，由易到难，循序渐进，使孩子一步一步成为一个心灵手巧的人。儿童时期的孩子处于动作性时期，他们喜欢各种操作性和探索性活动，好奇心强，有一定的破坏性。可以准备些旧杂志让孩子随意地撕，鼓励孩子在纸上涂涂画画，带孩子玩水、玩沙，捞小鱼等。可以给孩子提供一些小动作玩具，如积木和积塑、动物玩具、交通玩具、电动玩具、木偶玩具、翻绳等，这些玩具可以锻炼孩子的小肌肉动作，增强孩子的动手能力。还可以和孩子一起玩一些趣味性强的动作性游戏，如家长和孩子一同做撕纸游戏，把纸撕成长条做面条或老爷爷的胡须。家长为孩子画好苹果、房子等轮廓线，让孩子把碎纸贴在轮廓线内。让孩子在撕撕贴贴中锻炼手指的灵活性。

需要特别提醒家长的是，4岁是一个关键时期，4岁被说成是“一切的出发点”，也被视作幼儿动手能力发展的关键期，在这个时期，家长要特别注意观察孩子用手能力的发展，注意多方培养孩子的动手能力。4～6岁阶段的孩子，处于自我中心时期，比较关注自己的能力，善于模仿，活动量大，开始了学习活动，并在各种操作活动中建立起初步的概念。这个时期的孩子，手脚灵活度进步明显。开始对道具发生兴趣，对于剪刀、锯子、锤子、画笔等使用手指的工具都喜欢摆弄，并且对工作性、结构性的游戏乐此不疲，他们非常喜欢剪纸，或是用糨糊贴纸，用小刀削木棍，用锤子钉东西。能自如地玩模型玩具、拼图游戏、陀螺、投球、单杠等能显示手的能力的游戏。能顺利地使用蜡笔、铅笔，对绘画的兴趣极浓，常有让大人惊叹的佳作出现。这个时期培养孩子的动手能力，家长应注意这样几点：

一是放手让孩子去“动”。

随着孩子年龄的增长，他们的手脚愈加灵活，他们的好奇心愈加强烈，喜欢到处东碰西摸，经常搞破坏，如剪坏了窗帘，拆坏了闹钟，弄乱了厨具等，遇到这种情况，家长一定不要因为害怕孩子闯祸或出危险，就这也不让动，那也不让摸，把孩子的双手禁锢起来。正确的做法是，放手让孩子去动，并给予适当的指导。比如，当孩子喜欢上用剪刀剪东西，用锤子钉东西时，大人要多加观察，教给孩子安全使用手工工具，并在操作技能上扶孩子一把，如帮孩子掌握结构操作中的插塑、编织、粘贴等技巧，鼓励孩子大胆地试，在摸着摸那中锻炼手的灵活性。

二是多让孩子做手工游戏。

幼儿阶段，游戏是孩子的主要活动，是孩子生活的一部分，动手能力的培养应该在游戏中进行。如绘画、剪纸、折纸、制作玩具、搭积木、制作陶艺等都有助于激发孩子动手的兴趣。

高智商男孩

家长不要什么都替孩子做，轻而易举地剥夺了孩子劳作的快感，动手的体验。

第三十三件事　男孩也要家务劳动

培养孩子从小做家务的习惯是提高孩子动手能力的有效途径之一，现在的孩子多数缺乏家务劳动概念，这是当今社会中存在的普遍问题。每个家长都“望子成龙，望女成凤”，对孩子寄予极大的期望，为孩子的成长、成材付出了很大的心血，却忽视了孩子的劳动教育，致使孩子“四体不勤”，缺乏自理能力，并在孩子幼小的心灵里种下了不劳而获的不良思想。在儿童教育中，劳动教育是必不可少的，因为劳动观念的培养，劳动技能的掌握，是孩子成材的必要条件。通过劳动，孩子能更好地促进身体发育，发展智力，掌握劳动技能，总结生活经验，提高自理能力，促进美好家庭关系。教孩子做家务和智力开发、品德教育一样，必须从小进行培养。

1. **重视对孩子的劳动教育**

“中国孩子和外国孩子最大的不同在哪里?”也许提到这个问题，许多的人都会异口同声地回答:“独立性、劳动态度……”在教育界，一直有着“中国孩子抱大，美国孩子爬大”，“外国孩子比中国孩子动手能力强”等说法。

据一些抽样调查表明:70%以上的父母看重的是孩子的学习，而关心孩子劳动的父母仅占不到20%。许多的家长都望子成龙，认为只要学习好了，将来就能出人头地，别的什么活儿也不用孩子来干。他们给孩子报各种各样的补习班，而且碰到老师开口问的是:“我的孩子学习怎么样?”“排在第几名?”很少有人过问孩子的自理能力、劳动态度……

其实，劳动技术的教育与科学教育同样重要。因为科学教育培养的是认识能力，而劳动技术教育培养的是创造性实践能力。后者显然要以前者为基础，但却是前者的综合与创造性运用，而后者要比前者复杂得多。实践表明，劳动技术教育可以让孩子学会生存、学会生活、学会劳动和创造，同时劳动对于健康人格也有非常重要的作用:孩子劳动的时间越长，其独立性越强，也有利于形成勤劳节俭的品德。这对于孩子将来成为一个全面发展的有用人才是非常有帮助的，在国外的家庭教育中，父母就很注意这一点。

也许很多人想不到，日本儿童最热门的游戏场所是“厨房”;书店最热销的书籍是“儿童料理食谱”;百货公司家电部门当红的是“儿童专用厨具”;电视台正叫座的节目是“儿童烹饪”。“厨房育儿”俨然成为日本儿童最时髦的休闲活动。那么，日本为什么兴起教孩子干家务的风气呢?这股风气的兴起来自社会各界的推波助澜，包括幼教界、媒体、社会学家、烹饪学校及儿童产品厂商，他们都在大力鼓吹做家务对小朋友和家庭的好处。它不仅让孩子们明白了劳动的重要性，而且还享受到劳动带来的乐趣。到了周末，中国的年轻家长们不妨学学日本人的做法，让我们的孩子也“攻占”一下厨房。

在德国，人们早已注意到劳动对孩子的重要性，他们甚至把孩子的劳动义务明明白白写到了法律里：孩子必须帮助父母做家务。6～10岁的孩子要帮助父母洗餐具，收拾房间，到商店买东西；10～14岁的孩子要在花园里劳动，洗餐具，给全家人擦皮鞋；14～16岁的孩子要擦汽车和在花园里翻地；16～18岁的孩子要完成每周一次的房间大扫除。

其实，在世界的许多国家，让孩子做家务已经是一个比较普遍的现象。在美国，孩子每天的家务劳动时间是1.2小时，在韩国和英国分别达到每天0.7小时和0.6小时，在法国是0.5小时，回头看看中国，孩子每天家务劳动的时间却连0.2小时都不到，只有区区的11分钟！“做家务事”是每个人最低限度的生活能力，也是增进家庭生活的情趣、建立儿童人际关系的基础。日本人认为，家务事能处理得好的男人，人际关系绝对不会太差，会做家务的人更自信。能做家务事，做好家务事，是需要从小培养、学习的生活艺术。

2. 教孩子做家务要从小抓起

赵锡成出生于上海，是美籍华人，现任美国福茂集团董事长。他共有六个女儿，其中长女赵小兰现任美国劳工部部长，是华裔在美国政府职位最高者，四女儿赵小甫现任通用集团副总裁法律顾问，五女儿赵小婷在哥伦比亚大学攻读教育学博士学位，小女儿赵安吉毕业于哈佛商学院，现任福茂集团副总裁等。

赵锡成介绍，他一直很注重培养孩子的独立自主能力。尽管家庭经济条件不错，但是他并不想让孩子娇生惯养，养成不劳而获的坏习惯。从很小起，他就要求六个女儿在家里分担家务。如每天早晨，她们要出去检查游泳池的设备，捞掉水上的脏东西；到了星期日，则要整理两英亩的院子，把杂草和蒲公英拔掉。小女儿赵安吉在未成年时，已经负责处理家里的账单，将圣诞卡的邮寄名单输入电脑，并接听晚上的电话。有的家长把让孩子帮自己做家务，仅仅看作是帮自己的忙。因为自己有时间可以把家务做得很好，就不让孩子做。有的家长让孩子帮着做，孩子刚开始往往是帮“倒忙”，而不再让孩子干。更多父母在孩子小的时候总是舍不得让他一起参与家务，

这样，孩子会养成以为“家务活可以不必干”的习惯，或者用“不会干”“干不好”为理由来推脱。这种好逸恶劳的习惯一旦养成，对孩子身心的健康成长都会起到一个消极的影响。

高智商男孩

现在很多男孩都有“饭来张口、衣来伸手”的习惯，自立能力在父母的宠爱下慢慢丧失了，如有的男孩上大学了，还需要父母照顾其生活。父母应指导男孩从小学会主动承担力所能及的家务劳动，让他体验父母劳动的艰辛，懂得要从小养成热爱劳动的好习惯和独立生活的能力，拒绝自私自利。

第三十四件事　男孩需要一片“破坏”的天空

纵观世界对人类文明进程有重要影响的杰出科学家们，他们大多从小就开始动手操作，虽然有的行为被大人视为“破坏”，让大人皱眉、老师头疼，然而就是这些淘气的“坏”孩子，长大后却凭其从小养成的良好动手习惯，

而成为发明家，在人类历史上留下辉煌的一笔。给孩子一片“破坏”的天空，失去的只是可估量的价值，而得到的是孩子一生受之不尽的无尽财富——思考、创造、智慧和动手能力。

1. **孩子为什么“搞破坏”**

小机器人的零件散落在客厅里，桌上的电话机被拔掉了线，台灯罩也掉到了地上……不用说，这又是小非干的事！刚满4岁的小非，越来越让他的父母不知如何是好了，小非一点也不笨，他说话早，走路早，动手也早，可他的动手能力实在太“强”了，只要是他玩过的东西就难逃被“肢解”的厄运。小非的父母应该怎么办？

小非的这种情形就是心理学家所说的儿童破坏性行为，孩子有这种行为，父母大可不必紧张不安，我们不妨和儿童心理学家一起认识孩子的这种行为。

(1) 用“破坏”来探索未知的世界

4岁左右的孩子开始接触和认识外界的一切，对于自己遇到的东西，他会利用摸一摸，尝一尝，闻一闻，偶尔也会摔一下的方法，来看看它会产生什么样的反应。如果您家的孩子正处在这个年龄段，就请把家里的东西收藏好，给他一些安全的家用物品，或是买些耐摔的玩具，让他好好研究研究吧！这时，家长要慢慢引导孩子建立什么东西可以碰，什么东西不可以碰的概念。比如，他可以玩一个小皮球、摆弄一个大水桶，但他不可以把笔记本电脑当玩具，不然会有大麻烦。同时，爸爸妈妈可以给孩子一些组合式的玩具，鼓励他尝试组合不同的造型。为了避免发生意外，孩子手里的东西要少棱角且质量好。

对策：让“好奇宝宝”当修理工

如果孩子好奇地想知道各种现象发生的原因，总想弄明白不停转动的大座钟里到底装了些什么，电视机里是否真有个会讲话的小人，那么，您修理家中物件的时候，不妨让他也来参与。您可以当着他的面拆卸家中废弃的物件，没有危险性的动手部分可以让“好奇宝宝”来操作。

（2）不要责备“笨拙”的探索者

4岁左右的孩子，手脑的配合还不是很协调。他在四处碰触探索的过程中，会由于手脑配合的不协调而产生许多“危险动作”，例如，一不小心就把桌子上的杯子打翻了，或是把玻璃瓶打破了。其实，他不是故意的，您应该更耐心些，您可以责怪他，但目的是让他懂得什么是危险。

对策：让“闯祸宝宝”自己善后

对孩子无心造成的过失，您可以在他力所能及的范围内让他对自己的行为负责。杯子打翻了，就让孩子用抹布擦干桌子，玻璃瓶打破了，让他帮您拿来扫帚和簸箕。让孩子善后要比严厉地责备他好，毕竟他不是故意的。

（3）孩子无法控制他的“蛮力”

孩子对力量的使用也有一个尝试的过程，因为他还不了解应该用多大的气力去完成某件事，所以家里会出现抽屉被拉到地上，东西被摔坏等现象。这也是他的正常行为，是孩子在学习与外界相处的一种方式。

总之，对孩子的这些行为，您应该做的不是惩罚，而是让他领会哪些事他做了别人会称赞，哪些事他做了会造成伤害。从而让孩子了解普遍的社会规范，知道每个人做事的限度和应该遵守的法则。

对策：和“野蛮宝宝”玩“温柔游戏”

如果孩子拉抽屉的力气用大了，不妨再让他慢慢地轻轻地拉一次。让孩子尝试从轻到重地使用他的力气也能使他学会如何控制好自己的力量，但这对周围环境的伤害却小多了。

(4) 他用“破坏”来“抗议”

如果您发现孩子有破坏性行为，就应该多留心他最近的动向。说不定他的“破坏”情绪的起因是您对他过于严厉。有时候，孩子外在的破坏行为也是他内心困扰的表现。也许孩子只是觉得孤单，也许他只想引起妈妈的注意。

对策：和你的“抗议宝宝”谈一谈

4岁左右的孩子有无穷的精力，孩子善于“破坏”的背后很可能藏着一颗渴望探索的心。您应该为孩子提供一个良好的活动空间，特别是我们的独生子女，让他多和邻居家的同伴玩耍，节假日多去参加集体的游戏活动。爸爸妈妈不妨和孩子谈一谈，了解他最近有些什么烦恼，或是他有什么需要。

2. 让孩子在“破坏”中锻炼动手能力

小孩爱搞“破坏”属天性使然，他们睁着一双天真的大眼睛，对社会各类陌生事物充满新鲜、好奇，并身体力行，欲用自己的双手探求这个未知世界。合理利用小孩这种天性，多方引导、鼓励，那么孩子的动手能力以及创造萌芽将得到进一步深化，有利于日后处世能力的提高。下面来看一位家长的叙述：

李先生儿子小强今年刚上小学，放着家门口的学校不读，却舍近求远去了另一所学校，原因仅仅是那所学校有小强喜欢的无线电兴趣小组。李先生和有些家长不同，不仅支持孩子从小“不务正业”，还纵容孩子的“破坏”行为，他沾沾自喜地说：“这小子像我，我小时候就特别爱搞‘破坏’，经常拆卸东西，要不怎么会选择学工科呢，我觉得小孩子就应当鼓励他在‘破坏’中锻炼动手能力，我看过一个对创造发明者的调查资料，这些成功人事40%童年时代有过拆卸的‘破坏’行为。可能多少有点遗传基因的缘故，我儿子从小就淘气好动，好奇心很强，特别爱鼓捣东西，什么都想动动，什么都想拆开看看。他玩过的玩具只要能拆的基本都拆过，30多辆玩具小车全部拆得七零八碎，会打鼓的小熊，会叫的小狗，会下蛋的母鸡……都被他开堂破肚，七拧八卸过，有的被儿子折腾一番，又恢复了原样，有的从此就成了‘残疾’，经常让他妈妈心疼得直叫：‘你也不管管儿子，好好的东西拆成这样，整个一个败家子。’因为有的玩具是朋友从国外带回来的，比较新奇和贵重，可儿子才不管那么多呢，什么玩具到了他手里，玩不了两下子，就拆成了一堆散件。因为有我的暗中保护和纵容，儿子拆卸东西的劲头很足，让你防不胜防。我的剃须刀，他妈的电动梳子，他外公的按摩器都被他拆坏过，比较离谱的是，他4岁多时，他舅舅过生日，几家人在一起聚会，他不知道什么时候，盯上了他舅舅家新装的一部多功能电话，在那悄无声息地拆卸起来，直到他舅舅的手机响了，朋友们抱怨祝福的电话打不进来，才发现是他搞的破坏。这下有点让人生气，妻子拉过儿子来就想打，被我制止住了。不过这倒是引起了我的反思，我想不能光让孩子这么由着性子乱拆乱卸，还应当给孩子以指导，让孩子在‘破坏’中锻炼动手能力，在‘破坏’”中增长智慧。后来再买玩具时，我就比较注意选购可供孩子动手拼搭的建筑玩具，可让孩子拆、装的组合玩具，这样既满足了孩子的好奇心和动手愿望，又不至于造成太大的破坏。

“另外，我还注意收集一些无毒无害的废旧物品，比如，旧挂历、各种纸盒，包装袋、矿泉水瓶子、瓶盖、鸡蛋壳、用坏的闹钟和手表、不用了的旧电话机、电扇、收音机等，还给孩子准备了一些自然材料，像泥沙、石子、树叶、玉米棒、麦秆等。一方面给孩子创造一个搞‘破坏’的天地，由着孩子拆拆卸卸，保护好孩子这种创新行为的萌芽；另一方面，又引导孩子在破坏的同时让他的动手能力真正得到锻炼。很多时候，我和孩子一起拆东西，如一起拆收音机，边拆边给儿子讲收音机的原理，儿子对无线电的兴趣，就是从拆收音机开始培养起来的。还有跟儿子一起搞小制作。先从简单的制作起，用旧挂历做帽子，用蛋壳做不倒翁，用纸盒做家具，用泥沙、树棍做沙盘等，然后再教孩子组装拆开的东西，如组装玩具小汽车。慢慢地我发现孩子的兴趣逐渐由破坏转移到了组装和制作上，他能几小时地在那鼓捣一个东西，当他自己组装的帆船下水起航时，他高兴得手舞足蹈，叫啊，跳啊，连我们大人都被感染了。

"随着年龄的增长，这些模拟的东西对儿子来说太不'解恨'了，他又瞄上了各种各样新奇的东西，亲戚们不管谁换了新款的手机，他都要摸一摸，玩一玩各种功能。家里的电脑、照相机也常被他看来看去，让我们胆战心惊，惟恐又勾起他的破坏欲，好在儿子懂事了，他已经不随意破坏了，只是比较注意观察、探究了。

"儿子这种好奇还真有好处。我买了台照相机，带儿子逛公园，正照着相，突然镜头模糊起来，咋调都不是，急了我一头汗。儿子说：'让我看看。'我有点不相信他能看出来什么名堂，但还是鼓励地把相机递给了儿子，儿子三摸两摸，就兴奋地说：'好了！'我一看，可不，镜头又恢复了清晰，儿子告诉我，只是我无意按动了一个机关，把功能调到了近视上。没想到儿子动这动那的习惯还真派上用场了。为了满足儿子愈来愈强烈的动手欲望，我给他报了少年宫的无线电班和航模班。老师经常夸我儿子灵性，用工具在行，识图能力强，制作东西手巧，我心里说，这都是从小爱搞'破坏'练的。"

高智商男孩

心理学家指出，对孩子创造能力的培养，最重要的是"心理安全"和"心理自由"，也就是说，他们在进行"创造性"活动时，千万不要因其行为和结果的幼稚、离奇，去嘲笑或干扰，而应给予鼓励和劝导，从而使其自由自在地完成"创造活动"。给孩子一片"破坏”的天空吧！孩子爱“破坏”，我们失去的只是可估量的价值，但孩子得到的却是一生受用不尽的财富。

第三十五件事　男孩要热爱运动

儿童时期是人形成良好习惯的关键期，此时孩子在生理上处于生长发育和素质发展的敏感期，人的可塑性大，最容易接受成人的引导与训练，正是养成自觉锻炼身体习惯的好机会。如果错过了，随着年龄的增长，由于受旧习惯的干扰，新习惯就难以形成。

1. 培养孩子热爱运动的习惯

作为父母，要培养孩子对体育的兴趣，让孩子养成爱好锻炼的生活方式。路路是清华大学物理系的学生，这位身高1.80米，体格健壮、动作敏捷的男孩子，不仅学习成绩优秀，而且擅长多种体育运动，得到学校各类球队的青睐。

路路的全面发展，得益于父母的用心良苦。他的父亲这样谈道：“从孩子刚会走路到初中毕业十多年的时间，我每天都带孩子进行一小时的运动，从未间断。这期间，孩子入学是考验父母判断力的时刻。因为以后孩子的生活状态将有所改变，学习成为孩子的主要任务。我经过仔细考虑，觉得还是体育最重要。我认为，提早为孩子在智力上做选择，也就是让孩子学习某种特长，如美术、钢琴之类，是不明智的，这些应该让孩子长大后自己选择。经过几年的体育训练，路路的体质明显增强，身体各个部位都发育得十分健壮，没有长得像某些孩子那样，纤细得如豆芽菜一般。

“那么，锻炼方法是什么呢？就是培养孩子的体育爱好，但不是用培养专门人才的方法。因为儿童如果过早地陷入某种专业化的训练，有可能影响孩子整体协调能力的发展，如身高不足，等等。

“体育锻炼重在参与，仅在家里和孩子一对一地玩是不够的，要经常带孩子到公共场所观看他人的运动，让他感受运动给人带来的活力，从中获得感染。有的场所要收费，这份钱该花，那里的气氛特别能带给男孩子阳刚之气和青春活力，孩子也能意识到运动是人的一种需要。

“运动对智力大有好处，路路花在学习上的时间比别的同学少，但是他的成绩依旧名列前茅。究其原因，就是他精力旺盛，上课听讲专心，作业完成速度快。路路对待学习，也不是死盯着课本，对待成绩和名次也不会斤斤计较。即使偶尔考试成绩不理想，他也不灰心丧气。”

父母是孩子的第一任老师，也是孩子最信赖的老师。父母的一言一行不仅影响着孩子的一朝一夕，有时还可能影响到孩子的一生一世。培养孩子热爱运动的习惯，我们给父母们的建议是：

（1）给孩子创造运动的条件。要创造条件，鼓励、支持孩子参加各种体育锻炼，以增强孩子身体各部位的机能和适应环境的能力，增强孩子的体质。

（2）为孩子提供安全的场地。训练孩子的运动能力，应该为他准备场地，场地必须安全。父母不要整天将孩子关在家中，孩子从幼儿园出来时，总希望在外面玩一会，这时父母不要急着把孩子带回家，应该让他做些必要的户外活动，可以在居住地的周围找一块空地让孩子蹦蹦跳跳。有些住宅区周围过往的车辆很多，父母应该特别注意安全。

（3）给孩子提供一些用具。孩子为运动而运动总感到枯燥，父母可为孩子配置必要用具，增加活动的兴趣性，如球类、橡皮筋。另外，为了方便孩子运动，应该让他穿运动鞋和运动服。

2. 纠正孩子不爱锻炼身体的坏习惯

“身体是革命的本钱。”每个家长都知道身体对青少年成长的重要性，因此，我们就看到各种各样的营养品、补品成为许多青少年的家常便饭。营养水平的提高使中国人的身高、体重、寿命都发生了质的变化。

然而，在清晨的马路边上、公园里，我们经常可以见到许多中老年人锻炼身体的场景，却鲜见孩子们的踪影，许多人甚至振振有词地说什么早上不锻炼身体、睡懒觉是一个人聪明的表现。

可事实上恰恰相反，研究表明，一个经常参加体育锻炼的人，其智商也比较高。“生命在于运动。”人人都知道运动与身体健康的密切关系。通过体育锻炼，孩子们的生长和发育可以更快，人体各种器官的功能也能得到增强；体育锻炼还与一个人的心理素质有密切的关系，身体健康的人患心理疾病的可能性也低，一些良好的道德和意志品质也能在体育锻炼中培养。

锻炼身体的好处我们说都说不完，然而，由于应试教育导致学生课业负担过重，课余活动时间过少，结果就出现了孩子的学习成绩上去了，眼镜也戴上了，大学通知书拿到了，身体却垮了的现象。“望子成龙”是每个家长的期望，但是每个家长都不希望自己的孩子是个病龙吧。为了能应对走入社会后激烈的竞争压力，在儿童时期打下一个好的身体基础至关重要。当孩子还小时，为他的成长提供良好的条件是必要的，帮助孩子们养成锻炼身体的习惯，对强其筋骨，健其体魄更为现实。

那么，怎么纠正孩子不爱锻炼身体的坏习惯呢？

（1）首先，弄清楚孩子为什么不爱锻炼身体。一般说来，孩子不爱锻炼身体，有以下一些原因：

①孩子的意志力薄弱，不能持之以恒。

许多孩子的家庭条件优越，自小就被宠爱，做任何事情都三天打鱼，两天晒网，缺乏持之以恒的意志力。锻炼身体实际上是很艰苦的，它不仅要劳其筋骨，而且要苦其心志，尤其是要养成风雨无阻的习惯。因此，这些孩子总是为自己寻找客观的理由，躲避身体锻炼之苦、之累，这实际上是不能克服心理上的薄弱意志。

②家长的坏习惯影响了孩子。

随着现代生活节奏的加快，使得许多成人没有时间锻炼身体，有资料表明，25～39 岁参加体育锻炼的人比例最小，在此年龄段，45.5%的男性和39.6%的女性借口工作太忙不参加体育锻炼。儿童的家长大多数处在这个年龄段，他们的生活习惯成为孩子们学习效仿的对象。对孩子的教育除了语重心长的说教外，潜移默化的熏陶更具有效果。俗话说，身不正不能正人，用自己良好的锻炼身体的习惯影响孩子，对于纠正孩子锻炼身体的坏习惯更有作用。

③孩子们的锻炼兴趣不能实现。有一些孩子，实际上是有锻炼身体的兴趣和想法的，如有的孩子喜欢踢足球，有的孩子喜欢游泳，有的喜欢武术。一些家长或教师却按照自己的兴趣爱好强加于人，孩子锻炼身体的良好愿望可能被反抗家长的动机所压制，因此，有些孩子明明喜欢锻炼身体，却故意不锻炼。

（2）要从小培养孩子锻炼身体的兴趣。兴趣是人从事任何事情的基本动力，在这点上，我们希望家长能够意识到，兴趣是最好的老师，孩子对身体锻炼的爱好可以让许多家长省心。作为家长，不妨观察一下孩子对什么样的体育活动有较为浓厚的兴趣，然后不动声色地提供一些条件并加以引导，孩子就会积极主动地去参加体育锻炼。

（3）不能溺爱，培养孩子持之以恒的意志力。家长在对待那些有浓厚的兴趣但意志力不够坚定的孩子时，应多鼓励，制订锻炼计划，并适当地创造奖励条件，进一步巩固强化孩子的兴趣。甚至有的时候可以采用一些惩罚的措施，从而纠正孩子不爱锻炼的坏习惯。

（4）要根据孩子的年龄和体质教给孩子锻炼身体的正确方法。人的智力发展有一个最近发展区，身体素质同样也有一个“敏感教育期”，在儿童时期，是人的身体素质发展最关键的时期，黄金时期不容错过，否则将贻误终生。作为家长，要了解一些基本的体育常识和生理常识，根据孩子的年龄特征和体质状况，合理分配锻炼时间，掌握锻炼技巧，切不可因噎废食或锻炼过度。

高智商男孩

人们常说，生命在于运动。运动对于一个人来说的确是不可或缺的。经常运动不但可以促进孩子身体的发展，还能培养孩子的意志品质。如果家长希望孩子能养成喜爱运动的习惯，就应当从小培养。

第八章

培养孩子思维能力的方法

有这样一个流传已久的笑话：在一所国际学校里，老师给各国孩子出了一道题：“有谁思考过世界上其他国家粮食紧缺的问题?”孩子们都说“不知道”。非洲孩子不知道什么叫“粮食”，欧洲孩子不知道什么叫“紧缺”，美国孩子不知道什么叫“其他国家”，中国孩子不知道什么叫“思考”。看完这个让人笑不起来的笑话，我们禁不住在想：是谁偷走了我们的孩子的思考能力?

■第三十六件事　男孩要有一定的思考能力

在学习生活中孩子知道问题的答案、结果也不代表聪明，因为要看他是如何得到的，能不能得到。在孩子成长过程中，思维很重要，思维能力是影响他人生发展的重要核心能力。如果有了一种思维方式，孩子养成了习惯，他自己可以去发现问题；如果有了一种思维方式，孩子养成了习惯，他自己可以去学习解决问题。童年是开发孩子智力的黄金时期，一方面是因为大脑本来就是处于一个发育的过程，神经细胞末梢飞速发展，对什么事都敏锐、好奇；另一方面心智也单纯，所以心理上很少有负担，想到什么就是什么，思维非常活跃。而成人的思维大都有一定的定式，尤其在情绪差的时间，思维更加狭隘。可当我们与孩子们碰撞时，会出现什么样的结局呢？

放学路上，三个男孩子利用回家的路程在玩超级“剪刀石头布”，只不过，三种土工具已被动漫中的武器所替代了，并且四肢替代了手掌，边玩边走，其乐无穷。而你呢，还需要接孩子早回家，需要做饭，监督孩子做作业等，这时候，你会如何处理？A：强拉了自己的孩子就走，并告诉他你的种种理由。B：用成人的口气，连哄带骗拆散了这个小团伙，带了孩子就走。C：耐心地等到他们玩到家门口。D：兴致勃勃地观战，直至到家门口，还接下去与孩子讨论你小时候的土游戏“剪刀石头布”，讨论如何在游戏中获胜。

第一种节约的是你的时间，但是，你扫了孩子的兴致，你所谓的理由会让他产生厌烦，压抑了大脑活跃的机会。

第二种父母把一切事物都安排得十分妥善周到，从来就没有什么事需要孩子自己去考虑，长此以往，会扼杀孩子的思考能力，更谈不上解决问题的能力了。

第三种你少了一份趁他兴致浓厚时，与你交流探讨的机会，也让他失去了思考的机会。

第四种当孩子对某事发生兴趣，或兴致正高时，是孩子在生理方面和心理方面得到的一种满足，进而产生情绪方面的快感，它不仅能带来快乐，更有利于深层次地启发思维，容易并能积极地展开想象也好，创造性也好，记忆也好。所谓的快乐能带来大脑思考的活跃深度。

而这正好是家长启发性思考引导的时候。

1. **霍布森选择效应**

1631年，英国剑桥商人霍布森从事马匹生意。他对买主说，你们无论是买我的马还是租我的马，价格都便宜，而且可以随意选马，但是只能在门口选马。霍布森的马圈很大，马匹很多，然而马圈只有一个小门，高头大马出不去，能出来的都是瘦马、赖马、小马。来买马的左挑右选，不是瘦的，就是赖的。后来，管理学家西蒙把这种没有多少选择余地的所谓“选择”，讥讽为“霍布森选择效应”。霍布森选择效应对家庭教育的一个重要的启示是：如果我们用一个狭窄的标准来约束和衡量孩子，必将扼杀多样化的思维，从而也扼杀了孩子的创造力。在教育孩子时，一些父母总是急于给出问题的正确答案，总是千方百计地对孩子进行暗示，总是在孩子们兴高采烈地对问题进行探索研究时，又不断地提示，不断地纠正孩子的错误，于是孩子在父母的不断提示下顺利地得出了正确结论。实际上父母的这种做法在不知不觉中已经让孩子陷入了“霍布森选择效应”的困境。

一位国际儿童园的老师曾讲过这样一个事例：亲子活动时，孩子们在一起玩沙土。一个外国孩子用小铲子把沙子往漏斗里装，漏斗会漏，沙子总也装不满，他就用指头堵住漏口，等沙子装满就把漏斗挪到瓶子口边，再放开手，让沙子流进瓶子。由于沙子漏下的速度很快，从孩子拿开手指到漏斗对准瓶口，沙子剩不了多少。可这孩子丝毫不泄气，仍一点一点儿地装着。终于，他在一次次的反复中"开窍"了：他等到漏斗口对准了瓶子再倒沙子，很快瓶子装满了。孩子笑了，高兴地看着身后的妈妈。而他的妈妈正鼓掌为他庆贺。

另一位中国孩子的妈妈却是另一种做法：当孩子拿起漏斗，沙子从底部漏掉时，妈妈立刻蹲下来说："来，妈妈教你，把漏斗对准瓶口，再把沙子从这里灌下去。"这不由得让人想到了一句古诗："纸上得来终觉浅，绝知此事要躬行。"为人父母者大都知道这个道理，但真正做到却不容易。

2. 过度关心使孩子丧失了思考的能力

在南京一所小学，一个美国女孩和一个中国男孩同时患了重感冒。于是班主任老师通知了孩子的家长。中国孩子的爸爸半小时内从离校很远的单位打的赶来并很快带孩子去了医院。那个美国女孩的家长则在电话中问老师："孩子的腿有问题吗？"当从老师口中得知腿没有问题时，他只说了句，腿没有问题就让她自己回来。

无独有偶，在另外一所学校，一个中国男生和一个韩国男生因一件小事发生口角，并发展为打架事件，那个韩国男生因个子小而吃了亏。事情闹到了校长室，校方对此非常重视，要求班主任把家长请到学校认真处理此事。中国孩子的家长到校了解事情以后一个劲地向老师道歉，并把孩子带回家去写检查。而那个韩国家长只了解了一下事情的经过，便自己一个人离开了。

第二天，打架的中国男孩交了一份非常“深刻”的检查，而韩国男孩早上六点半便跪在学校的大门口向全校师生谢罪。事后得知那个韩国男孩是自己做的决定，用自己的方式来处理他自己的事情。中国的父母很少去思考在无微不至的关怀下，自己的孩子将失去什么。

高智商男孩

一位行为学专家说：“思考能够拯救一个人的命运。”事实正是如此，有思考力的人才会有创造力，才会掌握自己的命运。

第三十七件事　循规蹈矩会扼杀男孩的创造力

循规蹈矩的儿童，长大成人以后必然会成为俗物。他们的特征是很听话，总是唯命是从，害怕批评，竭力使自己的举动不违礼俗、不犯过错；他们接受别人教给的东西，几乎从不表示怀疑……这样的儿童很容易成为大人们眼中的好孩子，但在人生的成长过程中却很难有大的成就。在对孩子的教育中有人倡导“无错”原则，认为孩子是没有过错的，不应该一味批评。同时也有人认为，孩子的创造力往往表现在错误和破坏之中，孩子“惹了祸”，父母该高兴才对。毋庸置疑，教育孩子条条框框太多有很多弊病，当然，如果认为孩子的错误和破坏可以直接导致创造也是不太可取的。

1. 解放孩子的双手

孩子的创造力往往出现于我们的意料之外，尤其是在他们轻松愉快的游戏活动中。孩子的想象总是比成人新奇、随意，能够打破常规。当我们对他们的成果做出及时而肯定的评价时，他们的创造性就会被最大限度地调动起来，积极思考，大胆想象，创造出成人难以想象的事物。

桐桐很想制作一副自己的太阳镜。这天，爸爸帮他准备了很多材料，妈妈在桌子上为他摆了一个太阳镜供他参考。折、画、装饰，每一个步骤，桐桐都完成得很好。只是在剪工上出了一些问题，光滑的眼镜边被他剪得参差不齐。爸爸指着他的作品嘲笑起来，桐桐显得很不开心。

妈妈正想过去帮他，只见桐桐歪着脑袋略微想了一下，随即将眼镜拿起，非常投入地将眼镜边剪成了锯齿状，原本规规矩矩的作品让他搞得面目全非。一会儿工夫，桐桐美滋滋地走过来对妈妈说："妈妈，你快看，我做了一个太阳眼镜。"妈妈仔细一看，他做的眼镜果真像太阳，红红的装饰色，锯齿状的光芒，整个作品独具特色，颇有些出乎妈妈的意料。妈妈拍拍他的小脑袋说："桐桐真聪明，你做了一副最好、最棒的小眼镜。"

第二天，妈妈和桐桐把他的"眼镜"带到了幼儿园。老师评价说，在孩子们参照模型板制作太阳镜的活动中，桐桐是第一个打破常规模式，大胆想象，制作出与众不同的太阳镜的小朋友。

为此，老师在评价游戏中重点表扬了桐桐，并将他的作品摆放在了班里的作业展板上。第二天，第三天，很多小朋友开始关注这件独特的作品，而且制作出了更多样式的太阳镜，蝴蝶的，云朵的，彩虹的……制作活动一下丰富了起来。从那儿以后，桐桐一下迷上了美工活动，他的动手能力明显得到了提高。

做父母的头脑里要少些条条框框，不要总是说"看你做得像什么呀？""哪有你这么做的？""你看清老师是怎么做的了吗？""我看你这是瞎做！"之类嘲笑的话。仔细想一想，孩子的"错误"再大，又能"错"到哪里去呢？

并且，许多意想不到的创造就常常发生在“错误”之中。在孩子的世界里，完美是他们努力追求的目标，但父母们需要告诉孩子：完美并不等于起点和终点的完全重合，也不等于自始至终的“正确”。如果能注意拓宽思维，即使在看起来不怎么完美的地方，也可以“另辟蹊径”，发现和创造出令人惊奇的美丽。

2. 尊重孩子的参与权

孩子的参与权，对许多家长来说都是陌生的。孩子作为独立的个体在家庭中应当享有的权利得不到尊重的情况随处可见。现实生活中，存在一些家长不顾及孩子的感受、需求、能力和他们的长远利益，习惯把成年人的思想观念强行灌输给孩子，按照成年人的意志为孩子安排生活方式和内容，确定生活目标和行为选择等问题；反映在教育方式上，存在热衷于教条式的说教，不屑于征求孩子的意见、取得孩子的认同等错误；反映在对孩子的评价标准上，存在以成人为中心的“听话”的孩子是好孩子，循规蹈矩被奉为楷模等错误想法。专家表示，在瞬息万变的现代社会，当孩子们以其童心和对新事物的敏感接受新思想、模仿新事物做出行为选择的时候，无论是积极的还是消极的，常常被家长们视为“不轨”而横加限制。一些家长在埋怨孩子“不好管”的时候，并没有考虑自己“管”孩子是否符合孩子自身的发展需求，自己的教育行为孩子是否认同。尽管许多家长的出发点确确实实是“为了孩子好”，但是缺乏对孩子参与权的尊重，很难取得好的教育效果。

高智商男孩

有人说孩子天生就是个创造者，因为他们生来活泼好动，不被各种各样的规矩所指控，他们敢于打破常规，不按照成人的模式去思考问题，所以他们常常会创造出与众不同的事物来。可是，随着孩子年龄的增长，他们的创造天赋在一天天减少，这里面的原因主要在于，很多孩子的创造力被循规蹈矩的父母们在不知不觉中扼杀掉了。对父母而言，“听话”才是父母们希望孩子们做到的，“听话”才是孩子们应该最先学会的本领。对此，我们不能不说这是父母在教育孩子过程中的一大悲哀。

■第三十八件事　男孩要有发散、多向思维能力

科学家哈定说：“所有创造性的思想家都是幻想家，而幻想主要是靠发散性思维。”确实，发散性思维是突破原有的知识圈，从一点向四面八方扩散，沿着不同方向、不同角度进行思考的方法，它是通过知识、观念的重新组合，找出更多更新的可能的答案、设想或解决办法。

1. 打破思维定式，让想象自由奋飞

所谓思维定式是指人们按照一种固定了的倾向去看待事物、思考问题的情况。它作为一种特殊的心理准备状态，常常会影响解决问题的方向。在条件不变的情况下，定式可以简化人们的思维程序，从而有利于问题的迅速解决；但在条件变化的情况下，它又可能成为一种僵化的思维模式，引人误入歧途，从而妨碍问题的解决。所以，要注意克服思维定式的干扰。

一位创造学家曾经在他的演讲和著作中，无数次地提到这样一次令他感慨万分的经历：

几年前的一个傍晚，我6岁的儿子放学回家，拿起一只苹果就要切开。但他不是像我们通常那样竖直着切，而是把苹果横躺着切。我刚要提醒他“切错了”，他已经一刀切了下去。只见儿子放下刀，拿着一半苹果兴奋地朝我喊道：“看，好漂亮的一颗五角星！”我对他这一发现感到很惊奇。我们每个人都吃过苹果，都曾无数次把一只苹果切成两半，但是我们也许并不知道苹果里藏着一颗十分规则的五角星。这次经历之后，我总在心里问：“为什么我没有想过苹果可以横过来切呢？”

“竖着切苹果”是我们每个人都习惯了的，这就是我们常说的思维定式。世界很精彩，我们何不试着把苹果横过来切呢？

有这样一道智力题：晚上，一个房间里点燃了五支蜡烛，吹灭了一支，问第二天早上还剩几支蜡烛？孩子们稍许思考，便会很快答出：一支，即被吹灭的那支蜡烛。孩子确实没答错，多数父母对孩子这样的回答往往也不会有什么疑义。而事实上，此类智力题简单想起来“标准答案”都只有一个；但经过多向思维，就知道能有许多正确的答案。可见，这里存在着一个父母是不是重视孩子思维能力训练的问题。

美国著名儿童文学家、作家劳拉在其自传体小说中叙述了这样一件事：

一天，父亲给我们姐弟俩讲笑话。他说：“有一个人养了一只大猫和一只小猫，为此他在门上为大猫凿了一个大洞，为小猫凿了一个小洞……”我的姐姐打断父亲的话说：“小猫可以从大洞进去呀！”我却说：“因为大猫不让小猫走大洞，所以要凿两个洞。”父亲夸奖我们谁都比那个养猫人聪明。

劳拉父亲的赞扬是很有道理的，其对劳拉的肯定实际上是对孩子进行多向思维的训练。这就给我们启示：许多问题，我们不应该仅满足于为孩子提供一个标准答案，或是满足于孩子答案的标准。答案并不重要，重要的是使孩子有兴趣去寻求答案。因为标准答案有时并非只有一个。

以上面的智力题为例，答案“一支”当然是正确的。但设想一下：如果燃着的四支蜡烛在夜里有一支被风吹灭呢？如果四支当中有一支较大，因而到了第二天早上仍在燃烧呢？如果……那么答案显然就不只是“一支”了。上述的“如果”都是不违反题目条件的，答案便自然都是正确的了。问题的关键是可以通过这一个个“如果”，训练孩子多向思维，拓宽孩子思考问题的空间。初始孩子可能不会去“想”，父母不要心急，可先讲例子，再出题引导孩子学着“想”。

天才往往善于从他人想不到的角度去思考问题，发现他人没有发现的办事角度。达·芬奇认为，为了获得有关某个问题的构成的知识，首先要学会如何从许多不同的角度重新构建这个问题。他发现自己看待某个问题的第一种角度太偏向于自己看待事物的通常方式，他就会不停地从一个角度转向另一个角度，重新构建这个问题。随着视角的转换而对事物从不同角度进行理解，从而理解得更加深入，最终抓住了事物的本质。为了使孩子更聪明，父母千万别忽视了对孩子多向思维能力的培养。

2. 培养孩子多向思维的常用方法

在生活中，父母可以加强对孩子进行发散性思维的训练。比如，回形针的用途有哪些？回形针的用途非常多：可以用来把纸和文件别在一起，可以用作发夹，可以代替别针，可以拉直了用作粗织工的织针，可以当鱼钩等。比如，怎样才能达到照明的目的？方法有许多，可以开电灯，也可以点蜡烛，还可以用镜子反射太阳光以及用手电筒、点火把等。比如，折叠桌子给我们带来了很大方便，那么这种折叠的结构可以运用在其他哪些事物上呢？可以是折叠椅子，折叠床，也可以是折叠自行车等。经常性地培养孩子进行发散性思维，他就能够学会从多角度来思考问题，从而提高创造力。当然父母还可以通过各种方式鼓励孩子发散思维。

（1）鼓励孩子多提思路

从小带孩子做题的时候，就应该不过于重视答案而着重于启发孩子，寻找不同的解题思路。这样能让孩子养成从不同角度思考问题的习惯，使其受益终生。

（2）教孩子想办法解决问题。比如，给孩子讲故事：小熊要去小河对岸看望姥姥，走到河边，它发现小木桥断了，小熊怎样才能过河呢？让孩子想办法，想得越多越好。又比如，把一块小积木放进一个手伸不进去的瓶子里，要求孩子在不翻倒瓶子的条件下，想办法把积木从瓶中取出来。孩子想的办法越多，越合理越好。这样既使孩子解决问题，又使他的发散思维得到了训练。

（3）鼓励孩子的奇思异想

当孩子提出任何奇怪的想法，家长应该立刻鼓励，说“了不起”。鼓励孩子的奇怪想法，就是鼓励孩子多思考，而批评则只能让孩子的思维能力萎缩。

（4）根据故事开头编结尾

例如，给孩子讲故事《救小黑兔》：一天，两只小兔（小白兔和小灰兔）正高高兴兴地在草地上玩，忽然，从不远处的井里传来“救命呀”的呼叫声，小白兔和小灰兔急忙跑到井边，只见小黑兔在井底下吓得直哭。小白兔着急地对小灰兔说：“咱们得赶紧想办法把小黑兔救出来。”它们会用什么办法救出小黑兔呢？

（5）动手改变事物的形状等

“创造就是把已知的经验重新组合，产生具有新价值的东西。”改变事物原来的形状、颜色、气味、形式、运行方式、因果关系等，也可以产生创造。例如，孩子用水粉画画时，可以让他试试把不同颜色的水粉进行搭配创造出新颜色；给他一个圆形物体，要求他在圆形物体上加上其他物体使之成为一种新的物体，等等。又如，可以带孩子去商店，让他仔细地观察各种造型别致、形状不同、花纹漂亮的花瓶，然后，家长在孩子面前像变魔术似地用一张张彩色纸剪出一个个奇特的花瓶，以激发孩子剪花瓶的愿望，然后给孩子一些彩色纸，让他通过自己的思考，剪出的花瓶比妈妈剪的更漂亮，通过他一次次对图案的设计、色彩的搭配和技法的掌握，激发他的创造意识和审美情趣，有助于打开他的创造思路。

(6) 把“脑筋急转弯”作为娱乐

休息时，父母可以和孩子一人拿一本《脑筋急转弯》，互相出题目考，谁输了就打一下巴掌或刮一下鼻子。这种游戏能直接锻炼孩子发散思维的能力并且其中的乐趣能很快驱散学习的烦恼，是非常好的休息方式。

高智商男孩

男孩不光要充分地发挥自己的想象力，而且要有勇气去质疑，打破常规、淡化标准答案。日常生活中要锻炼自己多向思维，还有一点就是要学会反向思维，就是我们常说的逆向思维。总而言之就是把简单的问题想地复杂些，把它想得面面俱到。

■第三十九件事　给男孩“装备”发达的大脑

现代科学认为人的极为丰富的脑力资源是远远没有得到开发的。因此，家长在提高儿童智力方面，尤其是开发儿童的智力、促进儿童大脑发育方面，可以做许多事情。近年来，脑科学家研究表明，一般人只用了大脑智力潜能的10%，尚有90%在童年没有得到开发。成年以后，这些“脑资源”就被废弃了，致使“流水不回”，仅成为平庸之人。划时代的科学家爱因斯坦被认为是聪明绝顶的人。他死后，大脑被解剖分析，发现他的大脑智慧的潜能也只用了三分之一，可见人的大脑具有巨大的挖掘和利用的余地。

1. **脑和心理**

无论是脑的生理结构，还是它的运作方式，都会影响一个人的智力。脑有点像计算机，因为在大多数情况下它似乎按类似计算机程序的步骤进行运作。这些步骤是神经元以个别的片段或链条贮存着的信息。一个简单的身体动作（如举起小指）会同时引发脑中成千上万的循环通路发挥作用，不可或缺。无论我们学到的是什么，它们都按程序存贮着供以后使用。但由于我们是人类而非计算机，我们的脑倾向于以情绪化的方式来使用这些程序。如，除非有趣或有奖励，否则我们并不是对学习新东西很感兴趣。换言之，只有我们想学的东西才能学得最好。聪明孩子要比其他儿童能处理更为复杂的程序，而且能利用他们较好的记忆和注意能力提出新观点。父母可以通过积极的态度表扬儿童有良好的记忆以发展他们的记忆能力而不要经常对他们的遗忘加以奚落，例如说一些这样的话：“要不是提醒你，你该不知道自己的脑袋长在哪里了。”

脑的工作方式也受激素的影响。激素是体内的化学物质，由身体内的腺体分泌出来，会影响人体的功能，尤其是情绪。例如，如果一个孩子对他应该学习的东西抱消极态度，或者当他厌倦、恐惧或疲惫时，胸腺就释放出激素，能阻止新信息进入大脑加工过程的最高水平。考试紧张症就是恐惧和激素活动的结果。你也许会面对试卷时发现什么都不记得了。尽管你努力想写下什么，但即便是前一天还清楚的答案在此时似乎也消失了。在儿童学习中克服这个问题的一种方法就是设法使学习有趣，没有压力，多给予表扬，使孩子对学习产生好感。不要在孩子疲惫时还拼命地给他灌输东西，他们不是等待填充的空容器，而是对你提供的东西有所准备的渴望学习的人。

2. 左脑和右脑

科学研究发现人的大脑分为左右两大半球，右脑占优势的人们倾向于把事物看成一个整体。他们关心模式、形状和大小，更具想象力和直觉。在左脑占优势的人（常常更善于逻辑和学业，如数学和词汇技能）看来，他们的观点似乎是模糊不清的。右脑会帮助你写诗或完整地欣赏一幅画，而左脑会帮助你合乎语法地写作，修理发动机或赞美艺术家的绘画技巧。但对大多数人来说，两半球是协调工作的。

似乎知识的种子大部分是由右脑吸收的，之后由左脑进行分类和交流。在某种程度上每个半球也能做另一个半球所做的工作。但是若输入的信息更适合自己的加工方式时，该半球就能发挥更好的作用。不过并非总是由相适应的半球来处理输入的信息，大多数人倾向于用某一侧半球，这一半球赋予他们特殊的风格，可以参与到学习的方方面面。例如，拼写不好的人可能更偏向于用右脑而非左脑，因此他们更多地依赖直觉，对字母的细节没有足够的注意。

儿童通常并没有优势脑半球，但在学校里传统的教育一直强调的是较僵化的左脑的活动，有时不利于右脑的发展。因此，在儿童毕业离校时，常常表现出很大的一致性。的确，学校和智商测验更像是为左脑而非右脑设计的。一些心理学家甚至认为，如果右脑的某些活动不进行定期训练的话，它们将再也得不到好的发展。由于最大的创造性成就需要两个半球的活动，因而过分强调学校教育会压制儿童创造潜能的发展。因此，作为家长应该注意开发更具直觉性和创造力的右脑。下面简单列出了脑的优势不同的儿童各自可能的行为方式：

儿童在左右脑的使用上可能会有个别差异。女孩通常右脑占优势，直觉能力比较强。男孩左脑占优势，因而在数学和工程方面表现得更好。但是，儿童并没有表现出哪一侧占优势（这会随年龄增长而表现出来）的任何迹象，因此很可能是对男女孩采用不同的抚养方式造成了他们思维方式上的差异。任何一个儿童都能养成靠一侧脑半球思维的习惯，父母可以注意观察到这一点，并设法纠正这种平衡，以使儿童敏捷灵活，下面是不同优势脑半球的儿童的行为特征。

左脑：喜欢正规的教育，有坚持性、负责任，独自学习时快乐，在学习时静止不动，在学校里做得好。

右脑：喜欢暗一些的光线，不爱坐着学习，喜欢有人陪着学习，喜欢运动、触摸和做事，在学校做得并不好。

另一种看待这种思维方式差异的方法就是把儿童分成聚合思维者和发散思维者。这正好对应于左脑优势者和右脑优势者。聚合思维的人按规则进行思考，有可能得出很合逻辑的结论，而且一般来说在科学和数学活动中表现出色。发散思维的人更具创造性，会产生一些新异的，也可能听起来可笑的观点和方法，而且常常喜爱艺术活动。聚合思维的儿童在直接的问题——答案类型的测验中成绩较好，而发散思维的人更喜欢散文，在那里他们可以尽情地发挥自己的想象力。

关于聚合和发散思维的经典测验就是向儿童提问一块砖有什么用处，聚合思维者认为可以盖房子、砌墙等，发散思维者认为可以用作压书用的东西，把它压碎做水泥、砸窗户等。据某些人声称，鼓励发散思维只是鼓励孩子变傻，其实说这些话的人才会使孩子变傻。

这里我们感兴趣的并非儿童完全用哪种方式来思维，而是占主导地位的思维方式。

如果你感觉到孩子右脑占优势，那么就通过玩游戏（如你在儿童剧中看到的捉迷藏）激发左脑的发展。例如，在一幅有关农场主麦当劳的农场画中，让孩子寻找藏在其中的猿。

如果你的孩子似乎左脑占优势，那么就鼓励他欣赏一些大的东西，如天地相会合的情形，或给一张大纸，一支大画笔让他画画。

高智商男孩

要使大脑生长发育良好应从两方面努力：一是良好的营养，充足的氧气，优越的环境，促使大脑组织的生长，完善大脑结构。二是良好的信息刺激，提高大脑的功能。前者为大脑发育奠定物质基础，后者为大脑功能提供精神食粮，两者结合才能使儿童具有发达的大脑，聪慧过人。

第四十件事　增强男孩的想象力

爱因斯坦指出："想象力比知识更重要，因为知识是有限的，而想象力概括着世界上的一切，推动着进步，并且是知识进化的源泉。"对于孩子来说，想象对他们一生创造力的发展有重要意义。家长应尽量发掘孩子进行活动的想象功能，促进想象。对于孩子富有想象力的图画、凭自己想象拼搭的东西、自编的故事等，都应该给予肯定和赞赏。千万不要用成人的标准去要求和评价孩子的创作。

年轻妈妈一定注意到，自己的孩子特别会想象：有时候，他会告诉你，他就是哈利·波特；有时候他可能会告诉你他想和蓝猫一样去遨游太空呢！也许，你会忍住笑，点头同意他的意见；也许你情绪正不佳，便否定他：“瞎讲什么，异想天开！”

年轻的妈妈们如果发现孩子有一些较夸张的想法，应该注意保护，千万不能横加批评，挫伤孩子想象力的发展。我们都知道创造力是一个人智力水平的集中体现，但它离不开想象力的支持。可以说，没有丰富的想象力，创造力无从谈起。我们在平日的生活中，要给孩子充分想象的空间，也许孩子有时的比喻并不恰当，但妈妈应予以适当的肯定。

有一天晚饭后妈妈带着孩子去散步，忽然孩子兴奋地看着月亮说：“妈妈，今天的月亮很漂亮，像一只灯泡！”妈妈忍不住大笑，因为从来不曾有人将月亮比成灯泡。孩子顿时愣在那里，他一定感到自己说了什么傻话。此时妈妈马上意识到自己犯了一个错误，为什么年幼的孩子不能有自己的想象？古人比喻月亮像一个明晃晃的铜镜，现在的小孩到哪里去见这样的镜子？如果妈妈今天对孩子说，月亮根本不像灯泡，它是一面镜子，孩子可能从今以后再也不会想象月亮是其他东西了。十几天后的一个晚上，孩子又注意到月亮，同样兴奋地告诉妈妈说，今天的月亮像个香蕉。妈妈这次微笑地点点头，说：“很好，今天的月亮弯弯的非常像香蕉。”也许，妈妈的心里从来不曾认为月亮与香蕉有何相像，但今天经孩子这一说，哎，还真的有些像呢！

开发孩子的想象力有很多方法，年轻的父母们不妨试试看：

1. 利用神话和儿歌启发想象

德国诗人歌德幼年时，母亲就常常给他讲神话故事。讲到最惊险处就停住了，以后的情节让歌德自己去想象。幼年时的歌德为此做过多种设想。有时他和奶奶一同谈论故事情节，然后再等待着第二天故事情节的“公布”。第二天，母亲在讲故事前，先让歌德说一说自己是如何设想的，然后再把故事情节讲出来。这样，歌德的想象力和思维力得到了发展，这也为他以后的创作打下了良好的基础。

美国语言学教授斯特娜夫人也非常认同神话和儿歌的作用，她说：

无趣的人干什么都只论事实，排斥想象。他们甚至把圣诞老人和仙女从家里撵走。他们的这种干巴巴的生活态度也传染到对孩子的教育中。他们认为违反事实的传说和不合情理的儿歌等对孩子有害无益，他们更不懂得传说和儿歌能够陶冶孩子的品德。事实上，即使大人的生活，没有想象也是无趣的，更何况孩子们呢？因此，从家庭里撵走圣诞老人和仙女，就如同撵走伴侣和抛弃玩具一样，对孩子来说是残酷无情的。

在培养孩子的想象力和行为习惯方面，神话和儿歌会起到神奇的作用。因此，斯特娜夫人非常重视利用它们来教育自己的女儿小维尼。她在书中有如下的记录：我的家中不排斥仙女，我经常给女儿讲传说和儿歌，使她知道大自然是仙女居住的可爱世界，因此，她从小就热爱大自然。同时，她还从传说和儿歌中学到了许多优秀的道德和品质，如正直、亲切、勇敢、克己等。

由于孩子们来到人世间还没有多久，没有任何的社会经验。在他们眼中根本没有善、恶、是、非的存在。给他们讲述传说和儿歌是让他们分清善恶的最好方法。斯特娜夫人还用这种方法矫正女儿的不良行为，巩固和发展她的一些好的方面。

为了发展小维尼的想象力，斯特娜夫人不仅同女儿讲述已有的传说和童话，而且还让她看有趣的画儿，进而让女儿讲述自编的故事，并鼓励她把故事写成文章。为了发展女儿的想象力，她还和女儿各自交了一个想象的朋友，她写道：

我和小维尼各有一位想象的朋友，一个叫内里，另一个叫鲁西。当我们住在农村远离朋友们时，我们就请出两个想象的朋友，这样我们可以4个人一起玩。所以小维尼任何时候也不会感到无聊、苦恼。令人可笑的是，有一次保姆说："太太，你的女儿有些怪，好像是在和幽灵玩。"

2. 利用绘画启发想象

图像能够激发孩子的想象能力，父母应有意识地让孩子多接触各种图画，并鼓励孩子试着以此为基础画出来。

绘画最易诱发儿童的想象力，也是最为儿童所喜欢的一种形象表现形式。孩子虽然画技不高，但却能表达其思维活动过程。对儿童的画，不要只追求画得多么"像"，而应鼓励他"想"得越多越好。

北京市和平里四小就是一个注重培养孩子创造力的学校。有一天，日本教育代表团来校观摩四年级的美术课。美术老师胡明亮画了一只流着眼泪的小鸭子，让同学们以这只鸭子为主题，当场创作一幅图画。30分钟后，全班36名同学创作出37幅画，令日本教育家们大为惊讶，连连称赞："中国的孩子太富有想象力了！"

孩子们都画了些什么呢？

赵亦鑫画的是《失去自由》：小鸭子被关在铁笼子里，望着一群高飞的大雁在默默地流泪。

陈溪画的是《不准动！》：一个戴着假面具的人，正用枪口对准一只流泪的小鸭子。

李佳画的是《水污染》：小鸭子从被污染了的河里叼起一条小鱼，而小鱼只有骨头架子，小鸭子伤心地哭了。

最精彩的是唐小晰的《触景生情》：一只小鸭子呆呆地站在“烤鸭店”门前，看到爸爸妈妈都被挂起来烤熟了，自己成了“孤儿”，不禁伤心地流下了眼泪。

如果我们的父母都能像胡明亮老师这样教孩子，让孩子们充分展开想象的翅膀，那孩子可就解放了。

3. **用游戏启发想象**

爱做游戏是儿童的天性，对于孩子的自发游戏，父母应该给予关注。游戏对儿童来讲，就如同成人的工作、学习一样，是发展孩子想象力最好的活动。孩子在游戏中模仿成人的多种活动，凭借想象扮演多种角色，表现多种生活情境，自己动手解决游戏中遇到的困难和问题。例如，用积木搭娃娃床，用杯子当锅给娃娃做饭，用圆环做方向盘开汽车，用纸撕成条做面条等；还与小伙伴共同商议分配角色、安排活动。当孩子在认真思考这些问题的过程中，游戏的情节也具体化了，孩子的创造力也随之得到了发展。犹太人家庭中最常玩的游戏就是让孩子拣圆豆。方法是把绿豆、黄豆或其他圆形的、体积小的、颜色不同的物体混合放在一个盘子里。再准备四五个不同颜色的小碗，让孩子从盘子里取出豆子或其他物体，并把它们分门别类地放入不同颜色的小碗里，这个游戏可以让孩子通过辨别颜色、形状和大小来激发想象力。

有的父母因不了解孩子们的想象世界，当孩子用木片和纸盒等建造城市、宫殿时，她们为了收拾屋子，就往往不跟孩子打招呼就破坏了孩子的游戏，这就无情地摧残了孩子的精神世界。这样做非常不对。她们的这一举动，不仅剥夺了孩子的幸福和游戏的欢乐，而且有碍于孩子将来成为诗人、学者、发明家……

4. 支持和引导孩子的梦想

每一个孩子都会有梦想，他们幻想自己的将来是多姿多彩的。虽然有的梦想似乎是不切实际的，但却是孩子有想象力的表现。这时，父母千万不要呵斥孩子，更不要讽刺孩子的梦想。正确的做法就是支持和引导孩子的梦想，鼓励他们努力去实现自己的梦想。

一天晚上，莱特兄弟在大树下玩耍，他们看到天上有一轮圆圆的月亮。觉得又亮又好玩，就商量要把月亮摘下来，放在屋里当灯用。于是，兄弟俩就开始脱掉鞋子，爬上高高的大树，希望站在树上把月亮摘下来。但是，当他们快爬到树顶的时候，一阵风吹动树枝，把弟弟从树上摇落下来。幸运的是，他被一根树杈钩住了衣襟，后来是爸爸把弟弟抱了下来。爸爸一边给孩子包扎伤口，一边对他们说："你们想摘下月亮的想法很好，但月亮并不是长在树梢上，而是挂在天空中。想要摘到月亮，你们就应该造出一种会飞的大鸟，骑上它到空中去摘月亮。"父亲的鼓励在年幼的莱特兄弟心里留下了深刻的印象，后来，他们果然造出了会飞的"大鸟"，造出了世界上第一架飞机，让人类实现了飞天的梦想。

高智商男孩

许多父母抱怨没有时间教育孩子，其实在生活中无时无刻不存在着教育的机会，生活中充满了各学科知识，完全可以有机会利用孩子开心、有兴趣的时候，一点一点积累，让孩子以后在上课学习时再遇到这些内容就不觉得枯燥了。

第九章

提升男孩记忆力的方法

男孩要读好书，记忆力是基础。常常听大人夸“这孩子记性好”。记性好的孩子十有八九学习成绩非常好，而且学得轻松。学习是一个知识积累的过程，没有好的记性无法在脑中积累足够的知识，就无法进行有效的联想和创造。

孩子的记忆力不完全是天生的，经过后天科学的训练方法，能够唤醒孩子的记忆潜能，提高他的记忆力。研究发现，3～7岁是人记忆发展的关键期，在这一时期进行科学训练不仅见效快，而且效果好，不能让孩子错过这一时期。要帮助孩子开发记忆潜能，提高记忆力，首先要掌握他在幼儿时期的生理、心理决定的记忆特点，再在此基础上进行引导。

■第四十一件事　影响男孩记忆力的因素

孩子们学会了数学、社交、科学等知识之后，需要把这些东西放进他们的智慧小仓库里。这时，五六岁的孩子太需要记忆力的帮助了，但是孩子们的记忆力是受各种因素制约的，了解这些生活中影响记忆力的因素，才能有针对性地改进、提高孩子的记忆能力。

1. 压力和不安会影响孩子记忆力

心理学家的研究显示，适度的压力可以促进记忆力。轻微的压力比没有任何压力更能帮助人们发挥潜能。如升学压力过大固然不好，但是完全不当一回事同样也不是好事。物极必反，“人无压力轻飘飘”，同样也做不好什么事情。有的儿童容易情绪紧张、不安，动不动就发出悲观消极的感叹，老是抱着负面想法的人很容易忽视生活中正面的、积极的因素，“忧郁”往往使他们陷于悲观的深渊中不能自拔，沉溺于过去，对于未来充满恐惧，这样的状态直接导致其注意力不断降低，集中注意力的功能也不断被弱化，记忆的能力当然日渐衰退。

2. 经常带孩子逛街会影响记忆力

带孩子逛街、见见世面是有必要的，但很多家长往往犯了一个错误：带孩子去了车水马龙的大街上，而不是空气清新的公园、绿地。由于环境保护的不利，马路上的空气质量并不那么好，尤其是汽车排放的尾气含铅量多。

铅会通过大脑沉淀下来，进而损害神经系统，降低记忆力，儿童吸入过量的铅造成铅中毒，表现出多动、反应迟钝、学习困难、运动失调等。因此，带孩子外出，最好选择空气较好的地方，以避免接触各种污染源。

3. **被动吸烟影响孩子记忆力**

被动吸烟可不同程度影响学习、记忆能力。这一研究结论是通过采用跳台实验检测被动吸烟环境下小鼠的学习记忆能力变化情况后得出的。跳台实验是检测动物学习和记忆功能的常用方法。跳台潜伏期的长短和错误次数的多少是观察动物学习和记忆能力的指标。跳台潜伏期短，表明动物反应快；错误次数少，表明动物学习能力强。在专家们进行的实验中，共选取了40只雄雌各半实验用小鼠，随机分为对照组、低剂量组、中剂量组和高剂量组，并将后3组小鼠分别放入染毒柜中，用自动被动吸烟装置分别吸1支、2支、4支，被动吸烟速度约为1支/10分钟，吸完后10分钟从染毒柜中取出小鼠，自由进食，1次/天，连续7天；而对照组小鼠自由进食，不做任何处理。对照组和实验组小鼠均在7天后放入箱底为通电铜栅、箱内装有橡皮台的反射箱内，通以电脉冲进行跳台实验。结果被动吸烟的高、中、低3个剂量组小鼠，在未出现全身影响的情况下，跳台潜伏期延长，与对照组比较有显著性意义，且被动吸烟组的吸烟量与跳台潜伏期的对数有相关关系，表明被动吸烟可以损害小鼠的学习和记忆能力。在衡量小鼠记忆能力的第二次跳台实验中，实验对照组小鼠错误次数较第一次跳台实验显著减少，表明小鼠对电击有一定的记忆能力；而被动吸烟组小鼠进行第二次跳台实验时，其错误次数与第一次跳台实验比较无明显减少，即对电击无记忆能力，表明被动吸烟可影响小鼠记忆能力。

近年来被动吸烟的危害日益受到人们的关注。但人们所了解的大多是被动吸烟可引起呼吸系统、消化系统、神经系统等系统疾病或功能紊乱，而对于被动吸烟也可影响学习和记忆能力却很少引起人们的足够重视。鉴于此，专家们呼吁：为了让孩子们的学习和记忆能力不受影响，家长们请戒掉吸烟的不良习惯，还孩子一个无烟危害的生活和学习环境。

4. **边看电视边学习影响记忆力**

很多家长可能都早已意识到，不应该让孩子一边看电视一边学习，但他们也许并不知晓这里面的科学依据。美国加利福尼亚大学的研究人员撰文指出，儿童同时做几件事情可能影响他们的记忆力，新的研究显示儿童在看电视或是玩电玩的同时学习，只会使他们的注意力分神，学习的质量下降，即使学到的知识也会难以记牢，并在以后的使用中难以融会贯通。研究人员解释了其中的原因，他们说："儿童在大脑分神的情况下即使是学到了知识，他们记忆这些知识的能力也不会像在专心致志的情况下学习时的记忆力那么强。"

此前一项调查显示，在美国三年级小学生到高三学生当中，每人平均每天看电视或是听音乐、打电脑游戏的时间将近 6 个半小时。研究人员说，人的大脑有两种学习的方式，一种被称作习惯性学习，另一种被称作主动学习，例如，在记住一个电话号码时，你可以简单地靠记记力，这就是主动学习，这种方式使得你以后随时随地可以回想起来，或者你可以靠习惯在电话上拨打这个号码 1000 次，即使你不能记下来具体的号码，你只要拿起电话就可以条件反射般地拨出号码。

主动式的记忆学习较之习惯性学习用处大得多，如果你使用习惯性学习方式，你想记得电话号码就必须手边有电话，然后实际去拨打才行。问题在于这两种不同的记忆学习方式看似具有竞争性，当你同时做几件事情注意力分散时，习惯性学习的方式看起来会力压主动式学习。

在现在这个节奏很快的社会里，我们不得不同时做几件事情，但你必须意识到这样做的坏处，当一个小孩子试图学习新的知识时，分神是不好的，他们学习和记忆的能力会受到负面影响。当然，这并不绝对意味着儿童需要在特别安静的环境中学习，事实上，音乐也有助于学习，因为音乐可以让人感到开心。但在很大程度上而言，分神基本上是无益的。

5. 常洗头影响孩子记忆力

洗发水和有些品牌的肥皂会对孩子的记忆力产生不良影响。研究人员发现在洗发水、肥皂和许多其他个人卫生用品中含有二羟基二乙胺，这是一种能起到柔软和起泡沫作用的物质，它会被头皮吸收，并进入大脑，最终抑制脑细胞吸收胆碱和各种维生素 B 的能力。而胆碱和维生素 B 恰恰在与记忆有关的细胞形成中起到重要作用。但这些物质对成年人大脑的影响很小，只会对孩子产生一些影响。因此，孩子可以少用洗发水，比如一个星期洗三次，其中一次可用清水。

6. 电脑游戏影响孩子记忆力

很多孩子晚上写完作业后总喜欢玩一会儿刺激的电脑游戏来放松和休息。但是，研究发现，刺激的电脑游戏可能会影响孩子们的睡眠质量和对刚学到的知识的记忆。研究者对 11 个 12～14 岁的没有睡眠问题的健康孩子进行了为其两天的试验，每天晚上睡觉前的 2～3 个小时，他们让孩子玩赛车电脑游戏。研究发现，玩完赛车游戏后的孩子入睡所需的时间增多，慢波睡眠时间减少。慢波睡眠是人的深睡期，是恢复精力和体力的最佳时期，也是使人们增强记忆的关键期。此外研究者在孩子玩电脑游戏前后对他们进行了认知测验，结果发现，打完游戏后孩子们的记忆力下降。

高智商男孩

研究者认为，人们学习新的知识以后，需要一段时间来巩固。

而刚学完后几小时内如果进行了大量的情感体验型活动，就会影响大脑对知识的巩固。

第四十二件事　男孩需要科学的记忆方法

人的记忆潜能从理论上讲是无限的，有的人记忆力好得出奇，是因为他们能天长日久地训练自己的记忆力，脑子中的记忆方法越来越多，结果，记忆力就越来越好。因此，要想成功地改进孩子的记忆能力，关键在于要加强记忆方法的训练。下面我们列举几种科学的训练方法供家长参考：

1. 明确近期记忆目标

人不管做什么事，都要有目标。这个目标，诱惑着人，引导着人，使人步入更高的境界。同样，家长必须使孩子清醒地意识到，自己的学习总是有一定的目标的，这是成功地改进记忆效能的一个前提和基础。那么，如何确立记忆的近期目标呢？关键是要学会安排记忆进程，把长远目标划分成若干不同的近期目标，一个一个地实现，一个一个地跨越。每当达到了一个近期目标，就能增强孩子的信心，改进孩子的记忆效能，提高孩子的记忆速度。当达到了所有的近期目标后，千方百计所要追求的长远目标也就胜利在望了。而对长远目标的靠近，无疑会更强有力地刺激记忆效能，从而更有效地提高记忆能力。

例如，一个小学生要学习英语，倘若笼统地确立一个目标，将来出国深造——他会感到前途渺茫；如果确定不同的近期目标，先完成容易的部分，如每天学习10个名词，进而掌握动词、形容词、副词等，他就会感到信心十足，感到学习语言不再是枯燥乏味的工作。每一次克服了困难，每一次获得了成功，自信心便会随之增长，而自信心同时又鼓舞他去争取更大的成功。各种各样的学习和记忆活动，都可以运用这种方法，化整为零，使长远目标分解成若干不同的近期目标，由易而难，由浅入深，不断地刺激学习兴趣，增强记忆力。在学习过程中，如果孩子能够自己给自己提出一个记忆目标，有步骤、分阶段地记忆，可以使记忆效果大大提高。

2. 在理解基础上进行记忆

在积极思考、达到深刻理解的基础上记忆材料的方法，叫作理解记忆法。理解记忆的基本条件是对材料进行思维加工。有些材料，如科学概念、范畴、定理、法则和规律、历史事件、文艺作品等，都是有意义的。人们记忆这类材料时，一般都不采取逐字逐句强记硬背的方式，而是首先理解其基本含义，即借助已有的知识经验，通过思维进行分析综合，把握材料各部分的特点和内在的逻辑联系，使之纳入已有的知识结构，以便保持在记忆中。理解记忆的全面性、牢固性、精确性及迅速有效性，依赖于小学生对材料理解的程度。理解记忆的效果优于机械记忆。

德国著名心理学家艾宾浩斯在做记忆的实验中发现：为了记住12个无意义音节，平均需要重复5次；为了记住36个无意义音节，需重复54次；而记忆6首诗中的480个音节，平均只需要重复8次！这个实验告诉我们：凡是理解了的知识，就能记得迅速、全面而牢固。不然，愣是死记硬背，那真是费力不讨好。

理解记忆是以理解材料内容为前提的。这种理解不仅指看懂了材料，而且包括搞懂了材料各部分之间的逻辑联系，以及该材料和以前的知识经验之间的关系。因此，在记忆材料的时候，我们要尽可能向孩子强调“先理解、后记忆”的要求，而不要从一开始就逐字逐句地死记。

3. **精选记忆法**

对记忆材料加以选择和取舍，从而决定重点记哪些，略记哪些，这种记忆方法叫作精选记忆法。据说古时候，有的人记忆力极好，甚至可以把文章倒背如流，过目不忘。可是郑板桥却看不起这种人，把他们叫作“没分晓的钝汉”。什么叫没分晓？就是不分主次、轻重，不管有用、无用，一股脑儿全都背下来。现在的孩子每天接触的信息太多了，这些信息并不是都需要记忆的。教材和笔记中很多详细的说明性文字、同一类型的很多道习题、非重点的内容、可以根据其他公式推导出来的那些较复杂难记的公式等，都可以忽略不记。这样，就可以拿出主要精力记忆那些对考试来说最重要、最有意义、最有价值的材料。牵牛要牵牛鼻子，记忆要选择知识的“牛鼻子”。因此要想考出好成绩，必须对所学知识充分消化理解，精选重点内容，把它们牢牢地记住。学习好的人，记忆力强的人，往往善于抓住重点，抓住精髓，善于组织材料。

4. **联想法记忆**

当一种事物和另一种事物相类似时，往往会从这一事物引起对另一事物的联想。把记忆的材料与自己体验过的事物连接起来，记忆效果就好。

比如，在外语单词里，有发音相似的，有意义相似的，这些都可以利用相似联想法来帮助记忆。

北京景山学校在小学低年级试验一种集中识字的方法，可使学生在两年内认字 2500 个，阅读一般书籍报纸。这种识字法就运用了类似联想记忆法的道理，把字形、字音相近，能互相引起联想的字编成一组一组的，像把“扬、肠、场、畅、汤”放在一起记，把“情、清、请、晴、睛”放在一起记。每组汉字的右边都相同，每组字的汉语拼音也有共性，前一组的汉语拼音后面都是 ang，后一组的汉语拼音都是 qing，这样就可以学得快、记得住。联想的方法是多种多样的。指导孩子进行联想记忆，可采用相似联想、接近联想、对比联想等不同方法。

5. **分类记忆法**

若将必须记忆的内容按一定要求进行分类，那么，记忆就要容易得多。实际上，分类过程是一个理解的过程，本身就已经具有记忆的功能，孩子一边在分类，一边在理解，一边就已经在记忆了。如果要记忆下列 10 种物品：猫、帽子、狗、挂钟、桌子、衣柜、眼镜、鹦鹉、鞋子和戒指。让孩子使用反复背诵的强记方法也可以，但往往要花比较多的时间，并且过不了多久就会忘记。为了便于记忆，我们可以让孩子把上述的十种物品先加以分类，比如，猫、狗、鹦鹉是动物，帽子、眼镜、鞋子、戒指是穿戴在身上的东西，挂钟、桌子、衣柜则是家里的摆设。把这些物品一一加以分类之后，就容易记忆了。

6. **多通道记忆**

人要记忆外部信息，必先接收这些信息，而接收信息的“通道”不止一条，有视觉、听觉、嗅觉、味觉、触觉，等等。有多种感知觉参加的记忆叫作“多通道”记忆。这种记忆方法的效果比单通道记忆强得多。专家经过试验，得出结论：儿童在接受知识时，如果只靠耳听，3 小时可保持 70%，3 日后只保持 10%；如果只靠眼看，3 小时后保持 72%，3 日后保持 20%；如果用跟耳结合的视听法，3 小时后能保持 85%，3 日后可保持 65%。还有一些专家得出的结论是：如果只靠口念，过一段时间后，只能记忆 10%；只靠耳听只能记 20%；只靠眼看能记 30%；如果听看结合，能保持 50%；如果边听边看边说，再亲自动手做，记忆可保持70%以上。现代科学研究证明，单凭听觉，每分钟只能传达100多个单词，而视觉传达的速度是听觉的两倍，视觉和听觉同时作用，传达的速度则是听觉的10倍。鲁迅主张读书时要“五到”。他少年时期曾在一张书签上写道：读书要心到、口到、眼到、手到、脑到。心到指集中精神，全神贯注；口到是指开口读书，读声响亮；眼到是指目光专注，看得仔细；手到是指勤于动笔，抄抄写写；脑到是指多动脑筋，多加分析。

心理学实验证明，在相同时间里，第一组学生只是听老师念一段课文，第二组学生听老师念完后自己念，第三组学生又听又念又默写。结果，第三组的记忆效果最好，第二组次之，第一组最差。因此，父母在教孩子背诵诗词、文章，在记忆公式、定理、单词的时候，应该要求孩子不仅要用眼看、耳听，还要念出声，动手写，甚至比比画画地表演、动作一番。中国有句俗语：“百闻不如一见，百见不如手过一遍。”

记忆的规律就是这样：愈是动员的器官多，愈能记忆深刻。因为同一信息，通过眼、耳、口、鼻、手等器官去接收，使大脑皮层各个相应区域都同时开了绿灯，都兴奋起来，这样它们之间又互相建立了联系，联系道路多了，和原有的知识也挂起钩来，留下的“痕迹”也就深刻，记忆自然也就牢固了。

总之，“多通道”记忆法，能够动员脑的各部位协同合作，来接收和处理信息，这就好比用五个手指抓东西比用一个手指拿东西效果好得多，道理是同样的。多通道记忆法的基本原则是多种感官联合行动，但也不是在任何情况下，都要把所有的感官调动起来，有时，根本不可能；有时，也根本不需要。在既需要又可能的条件下，各种感官采取联合行动当然最好。条件不允许或不必要的时候，能动用几种感官就动用几种，只要能尽量动员各种感官在大脑中留下较深的痕迹，就会达到目的。平日里可以教孩子在休闲时抽挤出一小段时间去进行两种或多种感觉器官协同记忆的练习，如：

（1）在无杂音干扰的环境中进行音乐听写，仔细地倾耳细听、默写，再反复对照；全神贯注地听一首曲子，熟练地清唱，再听，再唱，直至听唱合一。在限定时间内记忆声音信息的能力就在这种训练中不知不觉得到提高。据说莫扎特自幼勤于进行这种训练，在他14岁的时候，一次听完意大利作曲家阿莱格里·格雷戈里的一首弥撒曲，回到家中，将曲子几乎完整地默写了出来。（2）进行眼手口脑协同记忆的训练。有些重要的繁难信息，可以通过视觉观察后，用笔写下来，反复朗读，直至能背诵。过后，再抽闲暇时间不断背诵或回忆或默写。（3）对能吃的佳品，可精察、细咀嚼、慢品味、反复嗅，而后进行综合与概括思维。

7. 认识男孩记忆的规律

（1）能较好记忆形象事物，但不善于记忆抽象事物

孩子观察、感受过的具体形象的事物在头脑中储存下来的形象叫表象，如“天安门”、“幼儿园”、“汽车”等都是它们的具体的形象而不是抽象的概念。表象储存越多，越有利于孩子掌握更多的知识、发展思维和想象力，特别是当他认识某件事物时，告诉他事物的名称，这样具体的形象和抽象的语词相联系，可以提高他的概括能力，促进记忆的准确性与提取信息能力的发展。

（2）以机械记忆为主，不善于理解记忆

比如，虽然不理解，但在成人的反复教导下，仍能背诵很多唐诗、英语单词等。利用机械记忆，让孩子多背诵一些易于理解的儿歌、童谣，做一些需要记忆的数字或分类概括性游戏，有利于帮助孩子学会理解基础上的记忆，提高记忆能力。

（3）记忆活动容易受情境或情绪影响

通常，伴随动作或较强情绪体验的内容记忆效果更好。比如，受到成人

表扬而情绪高涨地记忆、背诵诗歌，记忆较快而准确；对周围环境中形象鲜明、生动的事物记忆较深。

（4）大脑的记忆高潮

①早晨起床后

由于大脑经过一夜休息，既对前一天所学的知识有个重新组合的过程，又对此时学习的知识印象清晰。

②上午 8—10 点

这时人的精力最旺盛，大脑工作严谨，思考周密，学习知识容易理解和消化。

③18—20 点

也是记忆最佳时间。

④睡前一小时

记忆知识有利于巩固。

根据这一规律，早晨最好安排短时间记忆的内容，如每天提问的内容，考试时急用的知识等，上午适合学习新知识，晚上适合学习需要长期记忆的内容。

高智商男孩

记忆，是学习的重要环节，是巩固知识的重要手段。科学记忆，有利于提高学习效率，有利于加速知识积累。因此，要提高学习效率，加速知识积累，就要学会科学地记忆。

第四十三件事　注意力是记忆力的前提

注意力是智力结构中的一个重要组成部分，也是提高记忆力的前提。据调查报告显示，我国孩子注意力不集中达半数以上。另据对上海1000多名中小学生家长进行抽样调查，调查结果显示，48.53%的家长反映孩子具有学习、做事注意力不能集中的现象。很多孩子活泼好动，坐不住，而且注意力分散，对学习缺乏兴趣，不善于支配自己的行动；也有些孩子做事三心二意，常常半途而废。如果不及时采取措施纠正，久而久之孩子就会养成一种坏习惯，对任何事物都难以进行深入的思考，头脑简单，行为幼稚。这对于孩子的学习、成才都会带来极大的不利影响。家长要冷静细心地观察孩子的行为，找出孩子不专心的根本原因，并耐心地帮助他加以解决，以便完善孩子智力的发展。

1. 儿童注意力的特点

一般来说，注意力分为有意注意和无意注意。有意注意是有预定目的，需要一定意志努力的注意。它是注意的一种积极主动的形式，服从于一定的活动任务，并受人的意识自觉调节和支配。比如，读书时，需要有意识地去注意书中的内容，把注意力集中在书本上。任何成功的活动除了一些知识经验、能力等基本条件外，还需要一种精神上的准备和坚持到底的品质。遗憾的是，年幼的孩子恰恰缺乏有意注意，这就需要父母在日常生活中有意识地去培养。无意注意是指没有目的的注意，这种注意往往是由某些新奇的、强烈的、变化着的刺激引起的。比如，当孩子听到门口有声响的时候，就会竖起耳朵，转动脑袋，仔细倾听；当孩子上街时看到有一群人围在一起，就会不自觉地走过去想看个究竟。可见，这种无意注意在我们生活中是非常常见的。

随着年龄的增大，由于活动能力的增长，生活范围的扩大，孩子开始对周围更多的事物发生兴趣。因此无意注意迅速发展，只要有趣，他可以较长时间专心玩弄一个或一组玩具，观察一个物体。4～6 岁的幼儿，无意注意高度发展，开始出现了一种探究心理，有探察一切的愿望，喜欢东看看、西摸摸，只要是新鲜的东西，都会引起他们的注意，有时甚至会把一些机械性玩具故意敲坏，看看里面有什么“秘密”。同时，由于言语的发展，开始能做到使自己的行动服从成人提出的要求，因而注意的有意性逐步发展。概括来讲儿童注意力主要有以下特点：

(1) 注意范围小，不稳定

由于幼儿缺乏经验，不能很好地把握事物之间的各种联系，所以，和成人相比，注意的范围小，只能一个个地注意对象，而成人则可以把几个甚至许多对象集中到一起。另外，幼儿的注意力易受外界环境的影响而分散。幼儿缺乏有效的自我控制能力，所以，他很难较长时间把注意力稳定地集中在一个目标上。

(2) 随个人需要及情绪转移

注意力能否集中，与本身的需要与兴趣有明显的关系，自己需要和感兴趣的事，就比较能引起注意，反之则难以注意。成人也有类似的情况，不过幼儿更明显些，如热天街上的冰棍汽水、公园里的动物、影视片中的武打情节等，都特别容易引起幼儿的注意。这些特点说明幼儿的注意力不成熟，非常需要养成良好的习惯。

2. 影响孩子注意力的因素

(1) 年龄

孩子年龄越小，专注的时间越短。孩子注意力不集中的程度与年龄成反比：两岁的儿童，平均注意力集中的时间长度为7分钟，4岁为12分钟，5岁为14分钟。当孩子专注的能力过去后，他们会感到疲倦，必须做短暂的休息。

（2）所专注的事

如果孩子所做的事是在其能力范围之内，他便可从这项活动过程中锻炼专注的习惯。反之，假如所做的事太深难，使他们无法顺利地完成，那便不是建立专注习惯的好机会。例如，我们要求一个很小的孩子专心地做一个复杂的拼图或积木，这不是他能力所及的，他只会短暂地玩一下，很快就会觉得没味而放弃了。

（3）孩子的兴趣

如果孩子做他认为有兴趣的事，他会较易专心下来。孩子对兴趣的看法，很多时候与成人不一样，所以，成人应尊重孩子的选择。一般来说，6岁左右的孩子对所有的事物都有兴趣，而且学得也快。有时孩子会随意玩一些物件，成人可能会认为无聊而阻止他，或者要求孩子用大人的方法来玩。其实，如果孩子专注于某项活动时，大人不要干扰他，因为他需要通过亲自摸索来学习。这是孩子自己教育自己的一种方法。成人应让儿童自由地发展，使他从有兴趣的事物上培养专注的习惯。

（4）外界的骚扰

外界对孩子的骚扰包括环境和人为两种。环境的骚扰，例如，在孩子身旁大声地播放歌曲或电视节目，这会分散他的注意力。人为方面，一般是父母的骚扰：有时可能是由于过分保护子女所致。例如，孩子玩了一段时间以后，父母会认为他已疲倦，要他休息一下；或是怕孩子太热，给他喝点水，抹抹汗等。

高智商男孩

父母要教育提高孩子克服困难的能力，使孩子具有一定的责任感，这样孩子在做事的时候注意力就会集中，去克服一些小的困难。

久而久之，就能养成善始善终做完每一件事的良好习惯。完成一件事的时候，要及时进行鼓励评价，孩子就会产生一种满足感、快乐感。

第四十四件事 锻炼会增进孩子的记忆力

脑组织对氧最敏感，脑疲劳往往与缺氧有关。专家指出，儿童进行适量运动，有助于增强记忆力。记忆力的高低与人的呼吸系统、循环系统以及血液中血红蛋白的含量有一定的关系。

儿童时期正是人体生长发育的时期，心肺等内脏器官也加速发育。在这一时期进行长期合理的体育锻炼，会使人的心肺功能有显著提高，循环系统会明显改善，特别是长期合理的体育锻炼会增加血液中血红蛋白的含量。实验表明，经常锻炼的人比不经常锻炼的人血红蛋白要高出 1.35 克。然而，并非锻炼的时间越长，强度越大，记忆力就越好。长时间的体育锻炼会造成人体能量的过分消耗和血红蛋白的过量增加，反而会使人的记忆力下降。而大负荷运动则使人的血红蛋白含量降低，同样会导致学习效率在短期内下降。

试验表明，运动负荷心率每分钟在 120 至 160 次的运动，每次一小时左右，可使血红蛋白上升一克左右，这时人头脑清楚、精神爽快、思维敏捷、反应迅速。因此，让孩子在进行体育活动时，心率维持在每分钟 120 至 160 次，用时一小时左右，锻炼效果最佳。

1. 深呼吸练习

空气中存在着大量的空气维生素——含氧负离子，通过鼻子吸入体内，穿过肺泡进入血液，放出电荷，到达脑内使中枢神经功能得到增强，脑内合成有用物质的能力增强，因此我们会感到头脑清醒，心情舒畅。

有节奏的深呼吸把氧气送入大脑，就可以为学习和记忆提供燃料；有节奏的呼吸还能使大脑两半球协调同步，这又为创造力提供了燃料；另外，有节奏的慢呼吸帮助孩子放慢身心节奏，达到最佳的学习状态。

更好的大脑供氧还改善了思考能力，加州万纽斯山谷大学演讲教授罗伯特·雷维拉博士在让学生做过简单的几分钟呼吸练习之后对他们进行测试，其平均智商上升了10～20点，大脑的血液流通及氧气循环均达到更好的状态。

2. **有氧运动**

挖掘孩子大脑的潜能，把孩子培养和造就成知识丰富、智商较高、富于进取心和具有创造力的人，一条有效的途径就是体育运动。

负离子含量主要取决于环境质量，每立方米在城市有70～500个，公园170～600个，山区240～1100个，喷泉、瀑布4000多个。因此适当的户外活动、改善居室小环境对孩子大脑的健康都是有益的。

体育锻炼能够增强孩子的体质，使其神经、骨骼、肌肉、心脏、呼吸、消化等器官系统功能得到更好的发挥。体育锻炼，对于神经系统，特别是对于大脑功能的增强起着很大的作用。在体育锻炼时，每一个动作都由大脑来指挥，调动全身各个部件协调参与完成。经常进行体育锻炼，能够提高大脑皮层活动的强度、均衡性和灵活性，进而提高大脑皮层的分析和综合能力。这无疑是有利于提高阅读速度的。

资料表明，人脑仅占人体重的2%，但要消耗人体20%的氧气。大脑每秒会发生约10万种不同的化学反应，脑组织的能量主要是来源于葡萄糖的有氧氧化，如果大脑供血供氧不足，大脑就会处于“氧饥饿”状态，接受能力、理解能力、记忆能力下降，思维过程中就会出现干扰信息或思维空白性间断，注意力不能集中，甚至头晕、眼胀。脑血流图研究表明：一般的智力活动时脑血流需求增加 8%，逻辑推理活动时增加 10%，数字计算、记忆搜索和抽象思维时脑血流需求增加 12%。因此，满足脑组织在智力活动时的血流需求量是很重要的。只有大脑的血流供应充沛，智力思维才能思如泉涌。而最有效的方法无疑是有氧健身运动和有氧健脑运动。

俄罗斯著名作家列夫·托尔斯泰非常重视体育活动。他曾经说过："埋头从事脑力劳动，四肢不活动活动，这是一件极其痛苦的事情。如果不活动，我在晚上看书写作时，就会感到头晕目眩。"日本教育学者为了进一步开发国民的右脑，特别提出要增加体育学，通过游戏和体育去进一步开发右脑，甚至把体育和游戏提到仅次于社会劳动生产力的"第二劳动力"的高度。体育活动为什么能开发右脑，提高人的创造力呢？

心理学家认为，人的能力由 7 种原始因素构成：计算、词的流畅性、语义、记忆、推理、空间知觉和知觉速度，其中前三种属于左脑主管的功能，其余属于右脑的功能。

没有形象思维的参与，任何记忆、推理是无法进行的，即使是高度复杂的逻辑推理和晦涩的哲学语言，也是一种高度形象思维的概括。空间知觉和知觉速度，对于创造性思维至关重要，与右脑发达直接相关。体育运动对人的空间知觉和知觉速度的发展产生着最佳的效果。如男孩子从小就热衷于奔跑、攀登等体育运动，促进了他们的空间知觉和知觉速度的发展，从而发达了右脑。这就是为什么在物理、天文、数学、哲学等领域中，男性学者占优势和多数的缘故。

国外的一项实验证明，少儿在上午第二节课后，进行 20 分钟的活动、游戏，第三、四节课智力活动能力可提高 2～4 倍。美国戴维斯、库珀等人做的研究表明，学生时代非运动员的智力能力可能略高于运动员，但运动员在结束运动时，智力能力会达到更高的级别。这个时期的体育锻炼对智力活动的强度、灵活性、准确性和持续性都起着良好的作用。

高智商男孩

常言道："生命在于运动。"英国研究人员发现，加强体育锻炼不仅对身体健康大有好处，而且可以刺激脑细胞生长，增强记忆力和学习能力。

第四十五件事　睡眠，记忆的守护者

睡眠是大脑休息和调整的阶段，睡眠能保持大脑皮层细胞免于衰竭，使消耗的能量得到补充，大脑皮层的兴奋和抑制过程达到新的平衡。良好的睡眠有增进记忆力的作用。

同时家长要注意：孩子睡觉时不要蒙头，因为在蒙头睡觉时，随着棉被内二氧化碳浓度的不断升高，氧气浓度不断下降，大脑供氧不足，长时间吸进污浊的空气，对大脑损伤极大。

大量的证据表明，记忆的轨迹是在睡眠过程中形成的，白天的经历在昏昏欲睡的大脑被再现、分析和储存，记忆的加强需要大脑神经线路的重建。在人的睡眠中，根据一些不断重复的图像，可以发现相互连接的几个阶段。我们先开始处于浅睡眠的状态，这个入睡阶段，伴随的特征是眼睛有点涩，有点微微张开，以及体温下降。按下来是深睡眠阶段。主要特征是肌肉一定的持续紧张，通过脑电图可以发现，脑电波活动很慢，但振幅变大。我们的大脑于是开始释放生长激素，促进蛋白质的生成。然后是称作快波睡眠的阶段。它占我们睡眠时间的25%，并且在90分钟里面分成10～15分钟的连续小段。我们能记录到脑部的活动快而混乱，但振幅微弱，我们身体在无知觉的状态，但我们的眼睛却在很活跃地转动。梦就是在快波阶段中产生的。大脑于是能删除有毒物质，把我们意识生活里的巨大记忆全部卸载下来。最后，在这个快波睡眠过程中，“记忆”将白天累积的信息固定下来。

1. **睡眠与记忆息息相关**

睡眠可以解除大脑疲劳，同时制造大脑需要的含氧化合物，为醒后的思维和记忆做好充分的准备。适度睡眠为记忆和创造提供了物质准备，尤其是快速眼动睡眠阶段，对促进记忆巩固起着积极的作用。2000年12月，美国《自然—神经科学》杂志发表了哈佛大学医学院的一个新发现：考试之前熬通宵的人第二天反而记不住所需内容了。研究人员发现，在学习和练习完新东西后好好睡一觉的人，第二天所能记起的东西要多于那些学习完同样的东西后整夜不睡觉的人。动物实验证实，慢性不完全性睡眠剥夺幼鼠在水迷宫学习记忆测试中，完成预定任务所需时间和发生错误的次数都比正常对照幼鼠多，光镜下其前额皮质及海马区域神经元性一氧化氮合酶阳性斑点明显少于正常对照幼鼠，提示慢性不完全性睡眠剥夺会影响幼鼠的学习记忆能力，而前额皮质及海马神经元性一氧化氮合酶表达水平的下降是影响未成熟脑学习记忆能力的机制之一。

事实证明如果缺少睡眠，就会出现疲劳、头昏脑涨、眼花心慌、食欲不振等感觉，导致警觉性差、情绪不佳、影响记忆力。拥有充分的睡眠，保持清醒和睡眠的自然周期才是最可靠的能长久促进记忆力发展的好办法。为此，专家呼吁，家长要提高儿童睡眠健康意识，应创造条件让儿童有充足、高质量的睡眠时间，以促进儿童的智能发育和体格生长。

2. **小睡有益于大脑**

哈佛大学研究显示，小睡有益于大脑，能促进大脑信息处理和认知的能力。研究者让研究对象在白天四个不同的时间段里从事视觉性作业，发现四个时间段连续工作下来，受试者的作业评分下降；如果受试者在第二个学习段后休息 30 分钟，那么在余下的两个学习时段里，评分不再进一步下降；如果在第二个学习时段后休息一小时，那么受试者作业评分则会上升并恢复至早晨第一个工作时段的得分水平。专家认为，不断减退的作业评分，其实是大脑视觉系统神经回路“枯竭”的反应。不间断的视觉测试，使得大脑视觉皮层内神经元网络因不断涌入的信息而趋于饱和状态，发展下去必将有碍大脑对信息的处理。美国科学家通过大量的研究实验认为，睡眠不足，对大脑的负面影响很大。但过度睡眠也会影响记忆力。每人所需睡眠时间不一，一般而言，中小学生应该睡眠 8～10 小时以上。睡眠过度，主要有两个原因，一是大脑或血液疾病，二是精神懒惰。长期贪睡，会导致生理机能逐渐下降，萎靡不振，思维迟缓，记忆力下降。

3. **了解“前睡效应”**

有些孩子在学习之前睡觉，其实这根本无助于记忆。相反，学习前的小睡可能会大大加速遗忘。这是美国埃克斯安特教授等人的最新研究成果，称之“前睡效应”。埃克斯安特等人的研究发现，学习前睡觉显著地损害了记忆。但如果被试者在醒来后等 2 小时至 4 小时后再学习，他们的记忆力就不再受影响了。是什么原因导致这种“前睡效应”呢？进一步的研究揭示，这种“前睡效应”是由激素导致的。研究表明，较高的促生长激素水平对人的记忆不利，可使记忆严重受损。而睡眠能增加促生长激素的释放。这种激素水平在入睡后 30 分钟之内迅速上升，并持续一段时间，直至醒后才逐渐地恢复正常。这就是短睡记忆力不好，而清醒一段时间后记忆力灵敏奥秘之所在。专家们建议：如果你不打算再复习你学习的材料，那么最好在你学习和必须回忆之间睡一会儿。如果可以，最好睡 4 小时或更多些。除非你能保证在醒后和学习之前一段时间空余，否则不要在学习前睡觉。

高智商男孩

不知你有没有发现，孩子睡前的记忆特别特别的了不起，所以睡前要求孩子去做一些事，也就是让她带着记忆去睡觉……孩子醒来以后，睁开眼睛的第一件事就是——要做此事！这样在潜移默化中就可让孩子的记忆力得到提高。

第十章

玩出高智商，娱乐游戏两不误

游戏是儿童学习的最佳方式之一，而且许多孩子都喜欢游戏。事实上游戏对于儿童本身就是一种教育，而且是儿童喜闻乐见的教育。苏联著名教育家马卡连柯说：“游戏在儿童生活中具有极其重要的意义，具有与成人的活动、工作和服务同样重要的意义。儿童在游戏中怎么样，当他长大的时候，他在工作中也多半如此。因此，未来活动家的教育，首先要在游戏中开始。”因此父母切不可盲目地认为孩子玩游戏是“不务正业”，对充满“小孩子气”的儿童游戏活动不以为然，忽视对儿童游戏活动的正确引导和精心指导。作为父母，更应高度认识游戏在儿童成长中的重要作用。甚至应该挖掘游戏中的教育教学因素，提高儿童的游戏品位，将游戏与智力培养、情感熏陶、德行养成巧妙结合，既能丰富童年生活，又能促进儿童发展。启发孩子智慧的游戏有很多种，本章将选取具有实用性和可操作性的益智游戏供家长参考。

■第四十六件事　游戏，伴男孩成长

近年来，社会上最残酷的行为，就是剥夺了孩子们游戏的权利。一个是孩子们没有了游戏的场所；第二是孩子们没有了玩与不玩这种选择的权利。现在，许多孩子的父母不许孩子玩。即使同意孩子玩，也限定时间和内容。他们总认为，学习成绩和学习时间成正比，学习的时间越长，就会学得越好。

《联合国儿童公约》里明确规定：儿童有游戏的权利。所以，父母们，一定要给孩子游戏的时间，而且要给尽可能多的时间和空间，让孩子身心健康地成长。来看看国外的情况：调查显示大多数美国父母认为他们孩子玩游戏是有益的，而且几乎所有的家长都会对他们购买的游戏进行监督。此外，有60％的父母说，他们至少每月和孩子一起玩一次游戏；而有三分之二的家长认为，游戏对他们孩子的生活有正面的影响。在欧洲的一项关于电子游戏的调查中，有4000名来自英国、法国和意大利的父母参与，结果显示75％的受访者关心他们孩子玩的游戏内容。还有44％的父母认为每天的电子游戏时间应该限制在一小时之内。调查发现平均有63％的儿童通常是独自玩游戏，并且没有任何长辈的监护。而很多家长也表示自己会确认购买适合自己孩子玩的游戏。

实际上游戏是动物的本能，所有动物都喜欢做游戏。小猫戏弄老猫的尾巴，小狗和老狗互相咬架，这是为什么呢？根据动物学家的研究，小猫戏弄老猫的尾巴，是为了发展它将来捕捉老鼠的能力，小狗和老狗互相咬架是为了以后能够取得防卫能力。孩子也是一样，为了发展他们将来用得着的能力，必须进行游戏。其实，游戏具有开发孩子智力的功能。生活中许多知识都能巧妙地融合在游戏中。在游戏中，孩子不仅能感受到竞争的激烈，也有成功的喜悦和挫折后的思考，还能学会对事物的承受能力，学到很多老师、父母、书本教不会的东西。

1. 多"陪"孩子玩游戏

游戏是一种聪明儿童喜欢的学习方式，但父母可能会认为它是在浪费时间。对儿童来说，生活的丰富多彩孕育在游戏之中，增加类似学校中的作业会剥夺这种生活的乐趣。儿童发展的一条基本原则就是：即便是最复杂、最成熟的儿童也需要游戏。很多父母误认为，孩子在业余时间要多学一些课外的本领，如钢琴、书法、绘画等，以后会成为一个全能型人才。还有的父母觉得，别人家的孩子都在学，我的孩子不学，将来就竞争不过人家。因此，孩子愿意学，也得学，不愿意学更得学。搞得孩子盼望着有星期八，那样，他们就不用去上课外班了。在学校里，老师对学生的要求很严，如果学生玩的时间太多，学习成绩下降，老师会觉得丢面子。而在家里，孩子的学习不如同班学生，父母也会觉得脸上无光。孩子的课外时间太少，游戏太少，学习负担太重，最后导致他们对学习感到厌倦，觉得学习是一件苦事，把很多心思用在如何逃避学习上。即使是最循规蹈矩的孩子，也会讨厌学习。因为他们缺少游戏。缺少快乐，缺少生活的乐趣。

游戏的价值不仅仅在于能给儿童带来乐趣，使他们感到放松，而且在于它能提供情绪和智力方面的学习。从情绪上讲，即便是幼儿也会终止他不能十分理解的事情，这样他就会对正在发生的事更熟悉，并发现更容易接受。从智力上讲，游戏使儿童吸收新信息，并使这些信息与他已知的东西相融合。通过游戏，儿童能训练、提高思维水平，发展创造性。与其他儿童做游戏是学习社会技能和交流技能的很有效的方法，尤其对那些有独立倾向的儿童来说更是如此。另外游戏对孩子来说，是一种对沉重学习的缓和、休息，是他们本能、本性中必备的享受。有学者说："小孩子的工作就是游戏。"大人们不是也常说"玩是孩子的天性"吗？可见如果孩子没有游戏就失去了天性中的"营养"，他们现在被太多地灌输一些大人的问题，以后无疑会形成严重的心理畸形。会玩的孩子，能在游戏中有自己独到的想法，那么他在学习时会思维敏捷，想象力丰富，他的情商与智商会同时得到很好的发展，因此，也就更会学习。至于儿童每天玩什么游戏，父母可提供一些建议，下面有一些建议，可供在家中的父母对聪明孩子进行一些心理上的训练。

(1) 让你的孩子想象自己是个机器人。然后让他回答如果这是真的，会对世界产生什么影响，鼓励他思考机器人将会如何改变我们的生活方式。以此类推，考虑各种想象的技术发明。

(2) 当你的孩子把积木堆成一个高大的、摇摇晃晃的塔时，就此与他谈论。看他是否能告诉你，如果在顶上放一个较大或较小的积木，将会发生什么情况。然后让他设法找出自己的"假设"，先用较小的积木来试。也许通过一些巧妙的提问和提示就能让他明白一些积木可以起到支撑塔的作用。这种游戏有助于教会孩子解决技术方面问题的技能。

(3) 一个聪明的 4 岁儿童能够想出自己的游戏，而不仅仅是遵循他已知的规则。建议他创造一种游戏，用自己的规则以及自己感兴趣的东西，如一套他喜欢的玩具动物。然后与其他孩子试验这一游戏。

2. 和孩子一起游戏

陪孩子一起玩不仅可以拉近和孩子的距离，和孩子交流沟通，甚至可以增加孩子的自尊与自信，让孩子心理更健康。可是很多爸爸或妈妈没有注意到那些可以让游戏更好玩的技巧。如何陪孩子玩，让孩子觉得好玩，其实这里面也有很多学问。

(1) 表达对游戏的兴趣

如果孩子对游戏没有兴趣，游戏当然不会好玩。孩子其实是很敏感的，如果勉强他去玩他不感兴趣的游戏，很容易玩不下去。倒不如和孩子商量着玩，玩一些大家都感兴趣的游戏。爸爸妈妈在陪孩子游戏时，要和孩子一样真诚投入、非常专心，短时间完整的注意力投入，比长时间的敷衍来得更有力量。

(2) 积极地倾听

孩子都需要爸爸妈妈注意自己，而且越多越好。倾听会让孩子感受到你对他的关注和爱意，让他更想展现自己。孩子在游戏中所表达的可能有它潜在的含义，爸爸妈妈多花些心思去倾听孩子所说的，收获的可能是孩子想对你说却不敢或不知如何开口的心里话。在倾听中，让孩子带领你去看他所看到的世界。

(3) 多问开放性的问题

游戏是孩子的国度。进入孩子的世界，你除了多听，还应开放自己，多问多学。不要假设孩子和你有一样的想法，也不要急着先去表达自己的想法，孩子的想象力常常是我们望尘莫及的。太阳可以是绿的，云也可以是黄的，爸爸妈妈有了这样的包容力，孩子更能拥有他自己。多问问孩子在做什么，了解他的想法，否则孩子会由于你的呵斥破坏了游戏的兴致，孩子也可能会觉得很委屈，这就得不偿失了。

(4) 遇到问题，试着让孩子自己解决

游戏也是日常生活的缩影，孩子也会遇到问题和困难。爸爸妈妈可能会不自觉地帮他解决问题。其实游戏是孩子学习解决问题的最安全的方法。比如，当孩子搬不动他整箱的积木时，可以问问孩子：“怎么办呢？”多些耐心，你可能会和孩子一起享受他打开箱子，搬出积木，解决问题的得意与骄傲。

高智商男孩

虽然在游戏的世界中，孩子才是主角，但爸爸妈妈全身心地投入与陪伴，也是游戏中很重要的一部分。有了你的陪伴，孩子会玩得更带劲，也会因此而拥有一份健康的心态。

■第四十七件事 父母陪孩子一起玩

许多家长经常会遇到以下情况：带孩子去楼下花园玩球，你本想陪他好好地玩，教他一点“本事”，可是他净把球乱扔。刚开始你还没有觉得烦，时间一长，你净“捡”球了，你就觉得很“烦”；你带孩子去沙滩上玩沙子，你本想让他学习如何使用工具，可他还不让你教他怎么玩，结果弄得到处“脏”兮兮的，你很心“烦”；你想培养孩子从小会帮助人的意识，你让他来帮你剥豆子，可他净帮倒忙，把豆子弄得到处都是，你又觉得“麻烦”了……

需要指出的是：孩子喜欢玩游戏，是因为“我要玩”，而不是“要我玩”，游戏是孩子主动、自发、自愿的活动，它不能有任何强迫、催促或限制。孩子参与游戏的目的主要是“玩”，从玩中获得“快乐”，而不是游戏以外的东西（如你手中的奖品、提高能力等）。所以，无论孩子参与何种活动，你不要首先就判断“活动有什么教育目的、会不会弄脏孩子的衣服”等，才决定让不让孩子参与，更不要因为考虑到活动目的就限制孩子的活动手段或方式，因为这个目的是父母的而不是孩子的，我们要尊重孩子参与游戏的目的和原因。你应该在保证孩子安全的情况下考虑孩子是否真的喜欢这个活动，在这个活动中他是否表现得兴趣高昂、心情愉快。在陪伴孩子成长的过程中，父母需要特别的耐心。你关注的不应是教育效果是否“立竿见影”，更应该关注是否给予了孩子快乐。只有在快乐中成长起来的孩子才是“真正健康”的孩子，只有拥有“真正的健康”，孩子才能获得智力的发展……

1. **孩子真正想要的礼物**

每一个人的童年时代，“六一”都是一个充满梦想和欢乐的日子。在物质匮乏的年代，孩子们会因为这一天收到的微不足道的礼物欢欣不已，甚至只是一包糖。因为东西虽不值钱，但能在这一天强烈地感受到来自父母的浓浓的爱。然而今天，一些孩子从没有为物质缺乏而困扰，平时家长都是有求必应，仿佛礼物越是高档越能表达家长的爱意。还有一些孩子，因为家境贫困收不到父母任何礼物而不高兴。

用昂贵的礼物表达爱意，这其实是在商业文化的熏陶下，受到物质至上主义影响的成年人的观念。然而，孩子的世界原先并不是物质至上的，孩子最需要的是家长的关心和爱。所以，那些家境富裕的家长，在一味用昂贵的礼物满足孩子的物质需求时，其实是在灌输给他们物质至上的价值观；而那些因家境贫困而对孩子没有丝毫表示的家长，也错误地将物质和爱等同起来。其实，孩子们真正想要的礼物，莫过于父母的陪伴，陪自己去玩。

2. **陪孩子玩是一种责任**

广东省妇联曾经对当地近千名儿童进行了家庭教育状况调查，结果显示，有近半数的父母忽视了与孩子的交流，有3/4以上的孩子希望和父母一起玩游戏、出去玩。时下很多做父母的忙于赚钱，认为当前最重要的工作是赚够钱，为孩子未来的成长创造条件，至于眼下欠孩子一点陪伴的时间，等以后日子好过了，再给孩子补上。其实，这种想法是很不科学的。因为孩子成长过程中的每一个阶段都是不可重复的，有些东西一旦错过，很可能就没有办法挽回。当孩子需要与父母交流时，很多做父母的会以手上事情太多而拒绝，心情不好的父母甚至会施以棒喝，这是对孩子的不负责任。因为，常被父母拒绝的孩子，最易产生焦虑情绪，变得性情孤僻，性格内向，严重的会患上抑郁症。

有的父母认为孩子的玩乐太小儿科，觉得孩子在幼儿园有小朋友玩，回家让孩子吃好睡好就行了。这其实也是一个误区。孩子不仅能在玩中学习很多能力，而且孩子的健康成长并不单是靠丰富的物质生活就能保障的，更多的是需要父母的关爱、亲情的慰藉以及游戏玩乐。

高智商男孩

为孩子提供各种各样的游戏材料，如小纸片、种子、泥土、小剪刀、积木、水、沙、颜料、空纸盒等，让他们开动脑筋去游戏。当孩子在游戏中遇到困难时，父母要给孩子自己解决问题的机会。只有当孩子确实不能解决时再给予一些帮助。

第四十八件事　玩扑克，学本领

扑克牌是大人们常玩的游戏，考虑到孩子们的认知水平，我们不能沿用大人的游戏规则，不妨找出一些新的扑克牌的玩法。

1. 钓鱼：游戏参加者少则两人，多则不限。

根据游戏人数把牌分成相应的份数，然后参加游戏者每人出一张牌，排成一个长列。谁出的牌与上面长列中的某一张牌相同，则这两张相同的牌之间的所有的纸牌就都归他了，游戏以最后谁手里的牌最多为胜负标准。在玩的过程中，家长可以引导孩子读所出的牌上面的数字和花色，从而让他慢慢地认识数字。这个游戏的另一个好处是可以培养孩子敏锐的观察力。在众多的排成一列的纸牌中，能一下子看到与自己的牌点数相同的牌。

2. **比较数的大、小。**

(1) 出牌比大小，爸爸（妈妈）和孩子各有一半牌，每次双方各出一张牌，都反扣在桌上，然后数一、二、三，同时把出的牌翻过来。比较这两张牌的数目，若是一样大的，就各自收回牌，若不是一样大的，小的牌被大的牌吃掉，归大牌所有者（这两张牌不能再用来出牌）。直到把双方的牌都出完，最后看谁得到的牌多谁就赢了。

(2) 翻牌比大小，先把牌都反扣在桌上，爸爸（妈妈）和孩子各翻一张牌，比较牌的数目，若是一样大的，就仍翻转回原处，若不是一样大的，就大牌吃掉小牌，这两张牌都归翻大牌的人。直到把反扣的牌都翻完，最后看谁得到的牌多谁就赢了。

提示：每次比较两张牌的数目时，要让孩子念出牌的数目，说说几比几大，几比几小。在这个过程中不仅可以教会孩子认识数字，更能明白数字之间的大小概念。

3. **换牌**

取3张牌，把大王放在其中，让孩子记住大王的位置，然后开始把牌的位置不断地变化，最后让孩子找到大王到底在哪个位置。速度由慢而快，变化的次数也由少到多，牌数也可以增加，这样可以锻炼孩子集中注意力和快速反应的能力。如果孩子们比较多，那在一起玩这个游戏更是兴趣盎然。

4. **接龙**

(1) 先将牌中的4个“7”并列摆出来，然后爸爸（妈妈）和孩子各取一半牌，双方轮流出牌，以“7”为中心，按数的相邻关系接龙，如“7”的上方接“8”，“7”的下方接“6”，每个“7”都可以接龙。每次只能接一张牌，无牌可接就由对方接着出牌，直到把所有的牌都出完，谁的牌先出完，谁就赢了。

（2）先分牌，双方各一半，谁有红桃“7”就先摆出来，然后轮流出牌接龙，无牌接龙时可以出“7”，若无牌接龙又没有“7”，就由对方接龙。每次只能出一张牌，直到把4条“龙”都接完，谁的牌先出完谁就赢了。

提示：出牌接龙时，最好说说接龙的两个数的“大1”“小1”关系，如出牌“9”接在“8”的上面，就说“9比8大1个”，有利于孩子认识相邻数关系。

高智商男孩

玩牌时可以把牌当中的J、Q、K、A拿出来，以免孩子搞混；出牌的时候鼓励孩子大声把自己要出的牌报出来，从而加强对数字的认识；为了让孩子保持玩纸牌的兴趣，刚开始时可以给孩子创造一些胜利的机会，等他熟练掌握后，就得认认真真地跟他玩，要教育孩子有一个正确的心态去面对输赢。

第四十九件事　气球的快乐玩法

五颜六色的气球，几乎让所有的孩子都喜欢，每逢过节拿在手里都会让他们开心。其实除了把气球拿在手里玩之外，还可以有其他许多快乐而有意义的玩法，并且还能让孩子从中学到很多本领，得到很多乐趣！

1. **和孩子比赛**

(1) 头顶球：每人依次顶一下，不能让气球落在地上，否则就算输；

(2) 打排球：把家人分成两队，中间设定好分界线，开始排球比赛，得分多的一队为胜利者；

(3) 射门大赛：找两把椅子，分开一段距离放，设置这个区域做球门，轮流用脚踢气球，比比看谁进球最多；

(4) 踩气球：在每个人的双脚各绑上几个气球，互相追逐和躲闪，比比谁踩到别人的气球多，同时又能保护好自己的气球不被踩到；

(5) 夹球走：两人一组面对面站好，气球夹在两人胸前，双手放在背后，规定好比赛路线，两人一起向前走（跑），看看哪一组最先到达终点而且气球没有落到地上。

(6) 揪尾巴：每人用一根绳子的一端系住气球，另一端塞进自己的裤腰里，扮作动物的尾巴，比比看谁能揪到别人的尾巴，越多越好，同时又能保护好自己的尾巴不被揪下来。

2. **气球会飞吗**

找两个分别装有氢气和空气的气球，让孩子两手分别拿好一个，然后松手放开，看看会有什么现象发生？孩子会发现一只气球向上飞，另一只却落在地上！问问孩子为什么，鼓励他动动脑、想一想、猜一猜，一起翻翻书找找答案，从小培养科学探索精神，寻找科学的答案：原来是因为里面装的气体不同，氢气的密度比空气轻，会让气球飞起来，而装了空气的气球不会飞起来，一松手就会落在地上。接着让孩子在那只装了氢气的气球下面挂些小东西（如纸、小挂件、小娃娃等），试试看气球还能飞起来吗？和孩子一起做些记录，哪些东西可以和气球一起飞起来，哪些东西不行，培养孩子认真做实验、如实记录的科学态度！

3. 用空杯子吸住气球

找一只空杯子（最好开口大一些，口的边缘薄一些），在里面倒入一些开水（超过杯子容量的一半），然后把杯子里的开水倒掉，迅速将一只气球按住杯口，注意要按紧，不能有缝隙！这样按了一会儿之后，把杯子倒过来口朝下拿着，按气球的手松开，看看气球会掉下去吗？如果成功的话，气球会被杯子牢牢吸住！这是什么原因呢？启发孩子想想和倒进去的开水有没有关系呢？杯子里的空气发生了哪些变化？找找有关热胀冷缩方面的资料，原来开水使得杯子里的空气受热膨胀，开水倒掉之后，气球堵住了杯口，里面的空气慢慢地冷却收缩，把气球紧紧地吸牢！

4. 用气球“盖房子”

准备好一个气球，几张报纸，15 厘米长的细线一根，还有一些面粉和糨糊。先把气球吹好，开口用线绑好；再和孩子一起动手把报纸撕成 5 厘米见方的小方块，层层相叠粘在气球上，至少要粘 3～4 层，别忘了提醒孩子开口处不能粘住！然后把气球放在通风的地方风干一天，观察一下报纸是否干了，如果已经干透了，就把气球的开口松开、把气球取出。孩子会发现一个黄蜂窝完成了！原来黄蜂就是这样给自己盖房子的。和孩子一起仔细留心一下生活周围有关动物自己造房子的情况，一起收集有关动物造房子方面的知识，会发现原来一些动物和人类一样会给自己盖房子，它们知道该用什么材料，知道如何连结，如有的鸟类会在大树的分枝处用一些树枝和泥土等其他物质筑巢，蚂蚁用唾液混合泥土来造蚂蚁窝等，你和孩子一定会觉得大自然真是很奇妙！

5. 摩擦以后

让孩子两手各拿一只气球（气不要打得太足），紧挨着摩擦一会儿，然后停下来仔细看看会有什么现象发生？让孩子试着描述一下自己的发现和感受：我发现两只气球不能紧紧靠在一起了，会向两边跑，中间好像有一股力量把它们分别向两边推！翻翻有关摩擦方面的书，和孩子一起找找答案，这可是一次学习的好机会，培养孩子自己查找资料、寻求答案！

高智商男孩

五颜六色的气球，几乎每个孩子都喜欢，逢年过节拿在手里真开心。其实除了把气球拿在手里玩之外，我们还可以有其他许多玩法，从中还能学到很多本领，得到很多乐趣！

第五十件事　神奇的力

横放在桌上的一摞硬币能够自动倒下；蛋壳是脆弱的但有时却是坚固的；不用胶水、胶布等黏合的东西，报纸就能贴在墙上掉不下来；装有沙子和装有水的两个同等重量的瓶子从一个高度滚下来，谁先到达终点……

1. 筷子的神力

思考：把一根筷子插入装着米的杯子中，然后将筷子上提，筷子会把米和杯子一起提起吗？

材料：塑料杯一个、米一杯、竹筷子一根

操作：（1）将米倒满塑料杯。

（2）用手将杯子里的米按一按。

（3）用手按住米，从手指缝间插入筷子。

（4）用手轻轻提起筷子，杯子和米一起被提起来了。

讲解：由于杯内米粒之间的挤压，使杯内的空气被挤出来，杯子外面的压力大于杯内的压力，使筷子和米粒之间紧紧地结合在一起，所以筷子就能将装米的杯子提起来。

2. 会自动倒下的一摞硬币

思考：横放在桌上的一摞硬币为什么会自动倒下呢？

材料：十枚硬币、磁铁

操作：（1）将十枚硬币叠成整齐的圆柱形横放在桌面上。

（2）拿磁铁在硬币的上方 2～3 厘米高的地方接近桌面上这摞横放的硬币。

（3）横放在桌面上的硬币自动倒下。

讲解：由于这摞硬币在磁场的作用下发生了变化，使其中每枚硬币的上端都分别磁化，由于同性相斥，加上硬币之间紧贴在一起，在磁性斥力作用下，这摞横放在桌面上的硬币就会自动倒下。

创造：你能用磁铁做一些其他此类小实验吗？

3. 纸的不同的承受力

思考：你能想象一张纸能够举起一本书吗？你知道怎样才能做到吗？

材料：纸、胶带、一本书

操作：（1）把纸放在两本并排分开放的书上，使纸的中间部分悬空。把一本书放在纸的悬空处。

（2）把纸卷成一个纸卷，用胶带粘好纸的边缘处。

（3）把纸卷立起来，并在上面放一本书。

（4）思考两种方法的不同之处。

讲解：（1）一张纸能承受多大的压力，主要取决于纸张受力时的弯矩。

弯矩即纸张的受力点和受反作用力的点之间的距离。弯矩越大，纸张承受的力越大，反之越小。

（2）直接把重物放在纸上，则纸的受力点和受反作用力点几乎在同一位置上。因此弯矩小，所承受的力就小。

（3）把重物放在竖直的纸卷上，纸的弯矩较大，因此承受的力较多。

创造：想一想，把纸还可以折成哪些形状，以便承担压力。

4. **小船与船桨**

思考：看过划船吗？亲自动手划过船吗？知道船在水上为什么会向前移动吗？

材料：剪刀一把、纸板一块、橡皮筋一条、脸盆及水（一盆）

流程：（1）剪下长约12厘米×8厘米的硬纸板。

（2）一端剪成尖形为船头，另一端中央剪下约5厘米的缺口为船尾。

（3）剪一块约3厘米×5厘米的纸板做船桨。

（4）用橡皮筋套在船尾处，并将船桨绑好。

（5）将纸板桨逆时针转紧橡皮筋，小船向前移动。

（6）若把纸板桨顺时针转紧橡皮筋，小船向后移动。

说明：（1）橡皮筋扭转的方向不同，船行驶的方向也正好相反。

（2）纸船运动的力量，是来自橡皮筋扭转的能量。

延伸：仔细观察划船的动作，它造成的水流方向和船行方向有什么关系呢？

5. **蛋壳的坚固与脆弱**

思考：你认为蛋壳是坚固的还是脆弱的，它在什么时候容易破碎，什么时候不容易破碎？

材料：杯子（与一半蛋壳直径大小相同杯口的杯子）、一半蛋壳两个、细

铁棒一根

操作：(1) 蛋壳开口向下扣在杯子口上。

(2) 拿一根细铁棒离蛋壳10多厘米的高度竖直向下自由落到蛋壳上，蛋壳没被砸破。

(3) 蛋壳开口向上放在杯子口上。

(4) 拿一根细铁棒离蛋壳10多厘米的高度竖直向下自由落到蛋壳上，蛋壳被砸破。

讲解：(1) 铁棒创击蛋壳凹处，力量都由创击点承受，容易创破。铁棒创击蛋壳凸处，力量分散，不容易创破。

(2) 一样的材质，一样的创击力量，角度不同，效果就完全不一样

6. 谁的力量大

思考：燕尾夹和锁头哪一个重呢？两者之间拴一条线绳转转看，谁的"力量"大呢？

材料：线绳一根、圆珠笔杆一支、金属小扳手（比夹子重的金属物品）一个、夹子一个

操作：(1) 在圆珠笔杆中，穿一条约五十厘米长的线绳，线的一端拴上一个夹子，另一端则系上一个比夹子重的金属小扳手。

(2) 双手手心相对夹住垂直的笔杆，金属小扳手一端在下。

(3) 缓缓搓动笔杆，让夹子做圆周运动，渐渐加速旋转，看看有什么现象。

讲解：(1) 小扳手是比夹子重。

(2) 当转速加快时，会产生更大的离心力，而把金属小扳手往上提升。

创造：物体除了轻重差别外，若加上不同的速度，就会产生不同的动量。比一比看，你走路时和骑车时，雨点打在脸上，有什么不同的感觉？

7. 谁先分出来

把粗盐粒和胡椒面掺和在一起，能很快把它们再分开来吗？

这个游戏可以一个人玩，也可以几个人同时进行，看谁用最好的办法，最先分出来。这个游戏的玩法是这样的：先给每人发一把塑料小汤勺，然后在每人桌前放一勺盐、半勺胡椒面。准备好后，裁判就可以发令，让参赛者开始分了。谁最先分完，谁为优胜。

这个游戏看起来是比较困难的，如果用手一粒一粒拣盐，肯定是得不了优胜的。如果你懂得一点静电的知识，要想取得优胜，就轻而易举了。参赛者听到裁判“开始”的口令后，把塑料汤勺先在毛衣或别的毛料布上摩擦一会儿，然后把汤勺逐渐靠近盐和胡椒面的混合物。这时，胡椒面就会跳起来吸附在塑料汤勺上。用这个方法，你会很快把盐粒和胡椒面分开。这是因为塑料汤勺经过摩擦带有电荷，产生了吸引力，胡椒面比盐粒轻，所以被吸起来。注意，你不要把汤勺放得太低，否则盐粒也会被吸起来。

高智商男孩

只有顺从自然，才能驾驭自然。只有认识到力的作用，男孩才能茁壮地成长。